给孩子的趣味数学

数学原来这么好玩

数学趣味

刘薰宇 著

应急管理出版社

·北京·

图书在版编目（CIP）数据

给孩子的趣味数学：数学原来这么好玩. 数学趣味/刘薰宇著. -- 北京：应急管理出版社，2020
ISBN 978 - 7 - 5020 - 8375 - 5

Ⅰ.①给…　Ⅱ.①刘…　Ⅲ.①数学—青少年读物　Ⅳ.①O1 - 49

中国版本图书馆 CIP 数据核字（2020）第 196068 号

给孩子的趣味数学　　数学原来这么好玩　　数学趣味

著　　者	刘薰宇
责任编辑	陈棣芳
封面设计	沈加坤

出版发行	应急管理出版社（北京市朝阳区芍药居 35 号　100029）
电　　话	010 - 84657898（总编室）　010 - 84657880（读者服务部）
网　　址	www. cciph. com. cn
印　　刷	天津文林印务有限公司
经　　销	全国新华书店

开　　本	710mm×1000mm$^1/_{16}$　印张　45　字数　500 千字
版　　次	2020 年 12 月第 1 版　2020 年 12 月第 1 次印刷
社内编号	20193399　　　　　　　定价　120.00 元（共四册）

《给孩子的趣味数学：数学原来这么好玩》丛书导读

民国时期，著名画家、教育家、漫画家、作家丰子恺给刘薰宇的《数学趣味》一书作序，原文如下：

我中学时代最不欢喜数学，最欢喜图画，常常为了图画而抛荒数学课。看见某画理书上说："学数学与学图画，头脑的用法相反，故长于数学者往往不善图画，长于图画者往往不善数学。"我得了这话的辩护，便放心地抛荒数学课，仿佛数学越坏，图画会越好起来似的。现在回想觉得可笑又可惜，放弃了青年时代应修的一种功课。我一直没有尝过数学的兴味，一直没有游览过数学的世界，到底是损失！

最近给我稍稍补偿这损失的，便是这册书里的几篇文章。我与薰宇相识后，他便做这些文章。他每次发表，我都读，诱我读的，是它们的富有趣味的题材。我常不知不觉地被诱进数学的世界里去。每次想：假如从前有这样的数学书，也许我不会抛荒数学，因而不会相信那画理书上的话。我曾鼓励薰宇续作，将来结集成书。现在书就将出版了，薰宇要我作序。数学的书，叫我这从小抛荒数学的人作序，也是奇事。而我居然作了，更属异闻！序，似乎应该是对于全书的内容有所品评或阐发的，然而我的序没有，只表示我是每篇的爱读者而已。——唯其中《韩信点兵》一篇给我的回想很不好：这篇发表时，我正患眼疾，医生叮嘱我灯下不可看书，而我接到杂志，竟在灯下一口气读完了。次日眼睛很痛，又去看医生。

一九三三年耶稣诞
子恺

　　一篇简短的序言，让我们读到了大画家丰子恺对没有学好数学的懊悔，也读到了《数学趣味》的趣味。这趣味让丰子恺对该书爱不释手，忍着眼痛也要看完。如此精彩，到底是怎样的书呢？让我们一起来品味刘薰宇的数学科普丛书。

一、读其文，先品其人——认识丛书作者刘薰宇

　　刘薰宇（1896—1967），贵州贵阳人。我国现代数学家，也是我国现代数学教育家和出版家，受过法国数学教育的熏陶，曾任多所大学和中学数学教师或校长，担任过人民教育出版社副总编辑，审定过我国中小学数学教材，出版了中小学数学教科书和科普读物，发表了大量数学教育方面的论文，筹备出版了《中学生》《新少年》等青少年期刊。

　　担任人民教育出版社副总编辑期间，编写了一系列中学数学教材。算术谁编的？刘薰宇！代数谁编的？刘薰宇！平面几何谁编的？刘薰宇！立体几何谁编的？刘薰宇！解析几何谁编的？刘薰宇！……注意不是主编，而是编！我们对作者的景仰之情如滔滔江

水，连绵不绝。

民国时期，语文教育家夏丏尊出过一本书，名为《文章作法》，这本书的第二作者是刘薰宇，一个数学家编写语文专著，可谓文理兼修，惊为天人。

刘薰宇作为中国数学科普第一人，论著特点之一就是：说理浅明，以趣味丰富的文字写枯燥的算理。所以，他的科普著作深受人们的喜爱，下面仅对《数学趣味》《马先生谈算学》《数学的园地》和《因数和因式》中的内容做一简单的介绍，增进我们对他的科普著作的了解，进而去阅读，并享受其中的数学趣味，汲取这位数学家留给我们的"教育遗产"。

二、作品赏析

刘薰宇的《马先生谈算学》这部著作从 1937 年 1 月开始，陆续按月发表在《中学生》上，预定于 1937 年，在《中学生》上登载完毕，但由于时局动乱，难以静心撰写，时至 1939 年冬天才完稿，前后历时三年。

刘薰宇写该书的动机是："在增进学算学的人对于算学的趣味。对于学习算学的态度，思索问题的途径，以及探究题目间的关系和变化，我很用心地去选择和计划表出它们的方法。我希望，能够把这没有生命的算学问题注进一点儿活力。"该书是以第三人称——"马先生"的口吻来进行书写的，主要围绕如何用图解法求解一些算术四则问题，收集了 100 多道题目加以解释，但它并不是什么难题详解之类的书。马先生是一位风趣幽默的老师，在和同学们的交流中循循善诱，把复杂的数学问题通过深入浅出的语言，通过生动形象的画图加以解决。例如书中有这么一段：

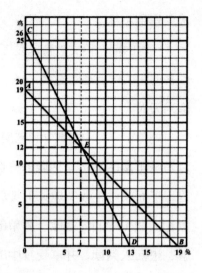

鸡、兔同一笼共十九个头，五十二只脚，求鸡、兔各有几只？

不用说，这题目包含一个事实条件，鸡是两只脚，而兔是四只脚。

"依头数说，这是'和一定'的关系。"马先生一边说，一边画 AB 线。

"但若就脚来说，两只鸡的才等于一只兔的，这又是'定倍数'的关系。假设全是兔，兔应当有十三只；假设全是鸡，就应当有二十六只。由此得 CD 线，两线交于 E。竖看得七只兔，横看得十二只鸡，这就对了。"

七只兔，二十八只脚，十二只鸡，二十四只脚，一共正好五十二只脚。

这种方法正如刘薰宇先生强调的："用图解法直接来解决算术问题，这不但便于观察和思索，而且还可使算术更切近于实用一点。图解，本来已沟通了代数和几何，而成为解析几何学的骨干。所以，若从算术起，就充分地运用它，我想，这不但对于进一步学习算学中的其他部门，有着不少的帮助，而且对于学理、工科，乃至于统计等，也是有益的。"《马先生谈算学》中的图像法不正是中学的函数图像的雏形吗？在学习函数和解析法分析问题时，马先生让你水到渠成。

《马先生谈算学》共有 30 部分，依次为：他是这样开场的、怎样具体地表出数量以及两个数量间的关系、解答如何产生——交差原理、就讲和差算罢、"追赶上前"的话、时钟的两只针、流水行舟、年龄的关系、多多少少、鸟兽同笼问题、分工合作、归一法的问题、截长补短、还原算、五个指头四个叉、排方阵、全部通过、七零八落、韩信点兵、话说分数、三态之一——几分之几、三态之二——求偏、三态之三——求全、显出原形、从比到比例、这要算不可能了、大半不可能的复比例、物物交换、按比分配、结束的一课。

《马先生谈算学》充分体现了刘薰宇先生对数学的态度，一方面认为人人应该学习数学，但不是说人人都要当数学家；另一方面认为人人都能学习数学，但不是说人人都能成为数学家。科学的价值与需求在当时已经不容怀疑，而算术、代数、几何、三角、解析几何以及初等微积分等中等程度的数学是科学必备的基础。所以，"谨以此书献给真实爱好科学的青年朋友"表达了刘薰宇先生出版该书的心声。

《数学趣味》共有 11 部分，依次是：数学是什么、数学所给与人们的、数的启示、从数学问题说到我们的思想、恨点不到头、堆罗汉、八仙过海、棕榄谜、韩信点兵、王老头子的汤圆、假使我们有十二根手指。《数学趣味》是一本有趣的数学史，从数学是什么到数的启示，你会读到数的历史演变，你会读到从数到式的发展。从数学问题说我们的思想中，刘薰宇先生通过鸡兔同笼、勾股定理两个耳熟能详的问题，分析了数学中的通法和特法的关系，以及特殊与一般的关系。

大概说来，在十六七年前吧，从一部旧小说上，也许是《镜花缘》，看到一个数学题的算法，觉得很巧妙，至今仍没有忘记。那是一个关于鸡兔同笼的问题，题上的数字现在已有点儿模糊，假使总共十二个头，三十只脚，要求的便是那笼子里边究竟有几只鸡、几只兔。

那书上的算法很简便，将总共的脚的数目三十折半，得十五，从这十五中减去总共的头的数目十二，剩的是三，这就是那笼子里面的兔的只数；再从总共的头数减去兔的头数三，剩的是九，便是要求的鸡的数目。真是一点儿不差，三只兔和九只鸡，总共恰是十二个头，三十只脚。

……

八方桌和六方桌，总共八张，总共有五十二个角，试求每种各有几张。这个题目具备了前面所举的三个条件中的第一个和第二个，只缺第三个，所以不能完全用相同的方法计算。先将五十二折半得二十六，八方和六方折半以后，它们的角的数目相差虽只有一，但六方的折半还有三个角，八方的还有四个。所以，在三十六个角里面，必须将每张桌折半以后的脚数三只三只地都减去。总共减去三乘八得出来的二十四个角，所剩的才是每张八方桌比每张六方桌所多出的角数的一半。所以二十六减去二十四剩二，这便是八方桌有两张，八张减去二张剩六张，这就是六方桌的数目。将原来的方法用到这道题上，步骤就复杂了，但教科书上所说的方法，用到那些形式相差很远的例子上并不繁重，这就可以证明两种方法使用范围的广狭了。

读了上面的例子，你是否认识到越是普遍的法则，用来对付特殊的事例，往往越是容易显出不灵巧，但它的效用并不在使人得到小花招，而是要给大家一种可靠的、能够一以当百的方法。你是否认识到这可以列方程和方程组，解法更加普遍。

中国很老的数学书，如《周髀算经》上面，就载有一个关于直角三角形的定理，所谓"勾三股四弦五"。这正和希腊数学家毕达哥拉斯的定理："直角三角形的斜边的平方等于它两边的平方的和。"本质上没有区别。但由于表出的方法不同，它们的进展就大相悬殊。从时间上看，毕达哥拉斯是纪元前六世纪的人，《周髀算经》出世的时代虽已不能确定，但总不止二千六百年。从这儿，我们中国人也可以自傲了，这样的定理，我们老早就有的。这似乎比把墨子的木鸢当作飞行机的始祖来得大方些。然而为什么毕达哥拉斯的定理在数学史上有着很大的发展，而"勾三股四弦五"的说法，却没有新的突破呢？

这进一步告诉我们，我们的科学研究，尤其数学研究要从实际问题出发，从特殊到一般，发现普遍真理。刘薰宇进一步分析了一般三角形的三边类勾股的关系，扩展到费马定理，层层递进，精彩纷呈。

刘薰宇出版《数学趣味》有两个目的：一是打破一种观念："许多人以为数学是枯燥、繁杂、令人头疼、不切实用的学科，因而望而却步。打破这种观念，这是第一个共同的企图。"二是暗示处理材料和思索问题的方法："许多人以为学习数学，只要呆记书本上的法则、公式、定理等等，再将练习题做完，这就算全部掌握了。其实书本上的知识不但有限，而且也太固定了，我们所能遇见的更鲜活的材料不知有多少。将死板的方法用到这些活泼的材料上去，使它俩相得益彰，这是一条学习的正轨。学习不但要收集一些材料，还要掌握一些方法。掌握方法比收集材料更有效果。"

中学生可以看懂高等数学中的微积分，也许你认为这是天方夜谭吧。当你打开刘薰宇的《数学的园地》，你会发现微积分其实很简单。该书比较系统地说明了函数、诱导函数、积分、微分等概念及它们的运算法的基本原理。抽象、枯燥的高等数学内容，经过他巧妙的手法写出来，只要学过初等代数和几何的人，就能很轻松、毫不费力地读完并掌握。所以，该书完全可以作为中学生必备的重要自学书籍。

记起一段笑话，一段戏文上的笑话。有一个穷书生，讨了一个有钱人家的女儿做老婆，因此，平日就以怕老婆出了名。后来，他的运道亨通了，进京朝考，居然一榜及第。他身上披起了蓝衫，许多差人侍候着。回到家里，一心以为这回可以向他的老婆复仇了。哪知老婆见了他，仍然是神气活现的样子。他觉得这未免有些奇怪，便问："从前我穷，你向我摆架子，现在我做了官，为什么你还要摆架子呢？"

她的回答很妙："愧煞你是一个读书人，还做了官，'水涨船高'你都不晓得吗？"

你懂得"水涨船高"吗？船的位置的高低，是随着水的涨落变的。用数学上的话来说，船的位置就是水的涨落的函数。说女子是男子的函数，也就是同样的理由。在家从父，出嫁从夫，夫死从子，这已经有点儿像函数的样子了。如果还嫌粗略，我们不妨再精细一点儿说。女子一生下来，父亲是知识阶级，或官僚政客，她就是千金小姐；若父亲是挑粪、担水的，她就是丫头。这个地位一直到了她嫁人以后才会发生改变。这时，改变也很大：嫁的是大官僚，她便是夫人；嫁的是小官僚，她便是太太；嫁的是教书匠，她便是师母；嫁的是生意人，她便是老板娘；嫁的是 x，她就是 y，y 总是随着 x 变的，自己无法做主。这种情形和"水涨船高"真是一样，所以我说，女子是男子的函数，y 是 x 的函数。

函数的概念比较抽象，刘薰宇先生以旧社会妇女没地位，处处要服从男人这个事实作为从属关系的例子，把"一个变化另一个也跟着变"的道理说得幽默生动。相对于函数，微分、积分、导数以及微分方程更加抽象，但刘薰宇先生依然把它们讲得栩栩如生，通俗易懂。

《因数和因式》中，刘薰宇先生把小学的数和中学的式放在一起，可以类比学习，对于爱好数学的学生、学有余力的学生、在六年级着手初小衔接的学生，可以仔细读一读，品一品，你会发现二者之间有着紧密的联系。书中有一些名词在今天读起来更觉得生动：比如我们现在称为分解质因数，本书中称为"析因数"，分解因式在本书中称为"析因式"。有关式的部分，刘薰宇先生在书中做了细致的阐述，对初中数学中数与式的巩固、拓展提升有很大的帮助。

三、刘薰宇著作对后世的影响

刘薰宇的论著在当时深受人们的喜爱，有些人正是因为读了他的论著才对数学感兴趣，不再觉得数学是枯燥、难懂的学科。

著名物理学家、诺贝尔奖得者杨振宁在对香港中学生的演讲中说："早在中学时代，由于偶然的机会我对数学产生了兴趣，而且发现了自己的数学能力。20 世纪 30 年代，有一杂志名叫《中学生》。我想香港的一些图书馆一定还收藏有这份杂志。这份杂志非常好，面向中学生，办得认真，内容有趣。有一位刘薰宇先生，他是位数学家，写过许多通俗易懂和极其有趣的数学方面的文章。我记得，我读了他写的关于智力测验的文章，才知道排列和奇偶排列这些极为重要的数学概念。"

著名数学家、国家最高科学技术奖获得者谷超豪院士说："我很早就对数学产生了兴趣，中学时期除了好好学习课本外，我还看了不少课外书。记得看了刘薰宇先生的《数学的园地》，其中有一段讲述了微积分思想，从什么是速度讲起。当时在学中学物理课，我自以为很懂得速度、加速度等概念，然而读了这本书之后才发现，原来速度概念要用到微积分才能精确了解，于是对数学愈发地感兴趣了。"

刘薰宇先生的这些作品与教科书不同，刘薰宇说"在嬉皮笑脸中来谈点严肃的数学法则"（刘薰宇《科学小品和我》），这样的写法很得著名艺术家丰子恺的称赞。

好友李异鸣先生从孔夫子旧书网购得刘薰宇先生的《马先生谈算学》《数学趣味》《数学的园地》《因数和因式》套书。2020 年春节，新冠肺炎疫情蔓延，待家防护，捧读大师这四本著作，仿佛和大师做了一番月余的长谈。"数学很难，数学很枯燥，数学很重要"，这是很多中小学生的内心独白。今天，我要向所有的中小学生推荐这套丛书，这套丛书能够让人感知数学知识可以是有趣的，也应该是有趣的，学习数学知识并不是苦差事。好书永远有生命力，刘薰宇先生的这套丛书就是好书，一代代人读，启迪智慧，开创未来。

北京市第八十中学　杨根深

2020 年 4 月

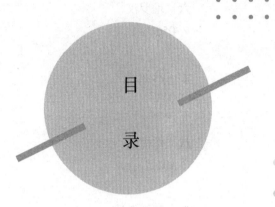

目

录

一

数学是什么

这里所要说明的"数学"这一个词，包含着算术、代数、几何、三角等在内。用英文名词来说，那就是 Mathematics。它的定义，照平常的想法，非常简单、明了，几乎已用不到再加说明。但真要说明，那问题却又有很多。且先举罗素（Russell），在他所著的《数理哲学》提出的定义，真是叫人莫名其妙，好像在开玩笑一样。他说：

"Mathematics is the subject in which we never know what we are talking about nor whether what we are saying is true."

将这句话很粗疏地译出来，就是：

"数学是这样一回事，研究它这种玩意儿的人也不知道自己究竟在干些什么。"

这样的定义，既恍恍迷离，又神奇莫测，真是"不说还明白，一说反糊涂"。然而，若要将已经发展到现在的数学的领域概括得完全，要将它繁复、灿烂的内容表示得活跃，好像除了这样也没有其他更好的话可说了。所以伯比里慈（Papperitz）、伊特耳生（Itelson）和路易·古度拉特（Louis Couturat）几位先生对于数学所下的定义也是和这个大体相似。

对于一般的读者，这定义，恐怕反而使大家坠入迷雾中，因此，"拨云雾见青天"的工作似乎是少不了的。罗素所下的定义，它的价值在什么地方呢？它所指示的是什么呢？要回答这些问题，还是用数学的其他定义来相比较更容易明白。

在希腊，亚里士多德（Aristotle）那个时代，不用说，数学的发展还很幼稚，领域也极狭小，所以数学的定义只需说它是一种"计量的科学"，已很可使人心满意足了。可不是吗？这个定义，对于初学数学的人是极容易明白而且能够满足的。他们解四则问题、学复名数的计算，再进到比例、利息，无一件不是在计算量。就是学到代数、几何、三角，也还不容易发现这个定义的破绽。然而仔细一想，它实在有些不妥帖。第一，什么叫作"量"。虽然我们可以用一般的知识来解释，但真要将它的内涵说明白，也不容易。因此，当用它来解释其他名词时，依然不能将那名词的概念明了地阐述出来。第二，就是用一般的知识来解释"量"，所谓"计量的科学"这个谓语也不能够明确地划定数学的领域。例如测量、统计这些学科，虽然它们有各自特殊的目的，但也只是一种计量。总的来讲，仅仅用"计算的科学"这一个谓语联系到数学而形成一个数学的定义，未免过于广泛了。

若进一步去探究，这个定义欠缺的还不止这两点，所以孔德（Comte）

就将它加以修改为："数学是间接测量的科学。"照前面的定义，数学是计量的科学，那么必定要有"量"才有可计算的，但它所计的"量"是通过什么方式得来的呢？用一把尺子就可以量一块布有几尺几寸宽、几丈几尺长；用一杆秤就可以量一袋米有几斤几两重，这些都是可以直接办到的。但若要测量行星轨道的广狭、行星的体积，或是很小的分子的体积，这些就不是依靠人力所能直接测定的，但用数学的方法都可以间接将它们计算出来。因此，孔德所下的这个定义，虽然不能将前一个定义的缺陷完全补正，但总是较进一步了。

孔德毕竟是十九世纪前半期的人物，虽然他是一位不可多得的哲学家和数学家，但在他的时代，数学的领域远不及现在广阔，如群论、位置解析、投影几何、数论以及逻辑的代数等，这些数学的支流的发展，都是他以后的事。而这些支流与量或测量实在没什么关系。即如笛沙格（Desargues）所证明的一个极具趣味的定理："两个三角形的顶点若在集交于一点的三条直线上，则它们的相应边的交点就在一条直线上。"

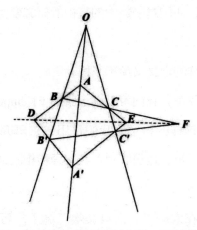

这个定理的证明，就只用到位置的关系，和量毫不相干。数学的这

种进展，自然是轻轻巧巧地便将孔德所给的定义攻破了。

到了1970年，皮尔士（Peirce）就另外给数学下了一个这样的定义：

"数学是产生'必要的'结论的科学。"

不用说，这个定义比之前的都要广泛得多，它已离开了数、量、测量等这些名词。我们知道，数学的基础是建筑在几个所谓公理上面的。从方法上说，不过由这几个公理出发，逐渐演绎出去而组成一个秩序井然的系统。所谓公式、定理，只是这演绎所得的结论。

照这般说法，皮尔士的定义可以说是完整无缺吗？

不！依照几个基本的公理，通过逻辑的法则演绎出的结论，只是"必然的"。若说是"必要"，那就很值得商榷。我们若要问怎样的结论才是必要的，这当不是很难回答吗？

更进一步说，在目前的数学领域中，固然大部分还是采用着老方法，但像皮亚诺（Peano）、布尔（Boole）和罗素这些先生们，却又走着一条相反的途径，他们对于数学的基础的研究要掉一个方向去下寻根问底的工夫。

于是，这个新鲜的定义又免不了摇动。

关于这定义的改正，我们可以举出康伯（Kempe）的来看，他说：

"数学是一种这样的科学，我们是用它来研究思想的题材的性质的。而这里所说的思想，是归依到含着相异和相同，个别和复合的一个数的概念上面。"

这个定义，实在太严肃、太具文学气息了，而且意味也有点儿含混。在康伯以后，布契（Bôcher）把它修改为：

"倘若有某一群的事件与某一群的关系，而我们所要研究的问题，又单只是这些事件是否适合于这些关系，这种研究便称为数学。"

在这个定义中，最值得注意的一点，布契提出了"关系"这一个词来解释数学，它并不用数、量这些家伙，因此很巧妙地将数学的范围扩张到"计算"以外。

假如我们以前只是照惯用的意义来解释"计算"，那么，到了现在，数学中有些部分确实和计算没有什么关系。

也正是因为这个缘故，我更喜欢用"数学"这个词来译Mathematics，而不是"算学"。虽然"数"字还是不免有些语病，但似乎比"算"字来得轻些。

倘使我们再追寻一番，我们还可以发现布契的定义也并不是"悬诸国门不能增损一字"的。不过这种工夫越来越细微，也不容易理解。而我这篇文章不过想给一般的读者一点儿数学的概念，所以不再往里面深挖了。

将这个定义来和罗素所下的比较，虽然距离较近，但总还是旨趣悬殊。那么，罗素的定义果真是开玩笑吗？

我是很愿意接受罗素的定义的，为了要将它说得明白些，也就是要将数学的定义——性质——说得明白些，我想这样说：

"数学只是一种符号的游戏。"

假如，有人觉得这样太轻佻了一点儿，严严正正的科学怎么能说它是"游戏"呢？那么，像这样说也可以：

"数学是使用符号来研究'关系'的科学。"

对于数学这种东西，读者大都有过这样的疑问：这有什么意思呢？

这有什么用呢？本来它不过让你知道一些关系，以及从某种关系中推演出别的关系来，而关系的表述大部分又只依靠着符号，这自然不能具体地给出什么用场和意义了。

为了解释明白上面提出的定义，我想从数学中举些例子来讲，这样更方便些。

我们先看"一加二等于三"。

在这一个短短的句子里，照句子构成，总共是五个词："一""二""三""加""等于"。这五个词，前三个是一类，后两个又是一类。什么叫"一"？什么叫"二"？什么叫"三"？这实在不容易解答。它们都是数，数是抽象的，不是吗？我们能够拿一个铜板、一支铅笔、一个墨水瓶给别人看，但我们拿不出"一"来，"一"是一个铜板、一支铅笔、一个墨水瓶。一个这样，一个那样。从这些东西中我们认识它们的共相，要自己保存，又要传给别人，不得不给它起一个称呼，于是就叫它"一"。我为什么叫"薰宇"，倘若你要问我，我也回答不上来，我只能说，这只是一个符号，有了它方便你们称呼我，可以让你们在茶余酒后要和朋友们批评我、骂我时，说起来方便些，所以"薰宇"两个字是我的符号。同样地，"一"就是一个铜板、一支铅笔、一个墨水瓶……这些东西的共相的符号。这么一说，自然"二"和"三"也一样只是符号。

至于"加"和"等于"在根源上要说它们只是符号，一样也是可以的，不过从表面上说，它们表示一种关系。所谓"一加二"是表示"一"和"二"这两个符号在这里的关系是相加；所谓"等于"是表示在它前后的两件东西在量上相等。所以归根结底"一加二等于三"只是三个符号和两个关系的联缀。

只举这么一个例子，似乎还不能够说明白。那么我们再举一例，假定你已经学过代数了，我们就可以从数的范围的逐渐扩大来说明。

在算术里我们用的只是 1，2，3，4……这些数，最初跨进代数的门槛，遇到 a，b，c，x，y，z，总有些不习惯。你对于 2+3=5，并不感到惊奇和怀疑；对于两个加三个等于五个，也不觉惊奇和怀疑；但对于 $2a+3a=5a$，你却怔住了，常常觉得不安心，不知道你在想什么。其实，$2a+3a=5a$ 和 2+3=5 对于你的习惯来说，后者不过更像符号而已。有了这一个使用符号的进步，许多关系来得更简单，更普遍，不是吗？若是将 $2a+3a=5a$ 具体化，认为 a 是一只狗的符号，那么这关系所表示的便是两只狗碰到了三只狗成为五只狗；若 a 是一个鼻头的符号，那么，这关系所表示的便是两个鼻头添上三个鼻头总共就成了五个鼻头。

从另一个角度来看，在算术中除法常有除不尽的时候，比如 $2 \div 3$。遇见这样的问题，我们便有几种方法表示：

（1）$2 \div 3 = 0.667$（四舍五入）

（2）$2 \div 3 = 0.6 \cdots \cdots 2$

（3）$2 \div 3 = 0.\dot{6}$

（4）$2 \div 3 = \dfrac{2}{3}$

第一种只是一个近似的表示法；第二种表示得虽正确，但用起来不方便；第三种是循环小数，关于循环小数的计算，那种苦头你肯定尝到过；第四种是分数，$\dfrac{2}{3}$ 是什么？你已经知道就是 2 除以 3 的意思。对了，只是"意思"，实际并没有除。这和 6 除以 3 得 2 的意味是不同的。刚才所说的"意思"便是"符号"。因为除法有除不尽的时候，所以我们使用"分数"这种符号。有了这种符号，我们就可以推出分数中的各种关系。

在算术里你知道 5-3=2，但要碰到 3-5 你就没有办法了，只好说一句"不能够"。"不能够"？这是什么意思？我替你解释便是没有办法表示这个关系。但是到了代数里面，为了探究一些更普遍的关系，不得不想一些方法来突破这个困难。于是在面对 3-5 为什么"不能够"这个问题时，有些人异口同声地回答，因为还差 2 的缘故。这一回答，关系就成立了，"从 3 减去 5 差 2"。在这个当儿又用一个符号"-2"来表示"差 2"，于是这关系就成为 3-5=-2。这一来，真是"功不在禹下"。有了负数，我们既可探讨它自身所包含的一些关系，也可以将我们已得到的一些关系更普遍化。

又如在乘法中，有时只是一些相同的数相乘，便给它一种符号，譬如 $a \times a \times a \times a \times a$ 写成 a^5。这样一来，关于这一类的东西又可以发现许多关系，例如：

$$a^n \cdot a^m = a^{n+m}$$

$$(a^n)^m = a^{nm}$$

$$\left(\frac{a}{b}\right)^n = \frac{a^n}{b^n}$$

……

不但这样，这里的 n 和 m 还只是正整数，后来却扩张到负数和分数进而得出下面的符号：

$$a^{\frac{p}{q}} = \sqrt[q]{a^p}$$
$$a^{-m} = \frac{1}{a^m}$$

这些符号的使用，是代数所给的便利，学过代数的人都已经知道了，我也不用再说了。

由整数到分数，由正整数到负数，由乘方到使用指数，我们可以看到许多符号的创立以及许多关系的产生、衍变。要将乘方还原，用的是开方，但开方常常会"碰钉子"，因此就有了无理数，如 $\sqrt{2}$，$\sqrt{3}$，$\sqrt[3]{9}$，$\sqrt[4]{8}$……这不过一些符号，这些符号经过一番探索，便和乘方所用的指数符号结成了很亲密的关系。

将这些例子总结起来，除了使用符号和发现关系以外，数学实在没有什么别的花头。倘若你已学过平面三角，那么，我相信你更容易承认这句话。所谓平面三角，不就是只靠着几个什么正弦、余弦这类的符号来表示几个比，然后去研究这些比的关系和三角形中的其他关系吗？

现在我说"数学是使用符号来研究'关系'的科学"，你应该不至于再怀疑了吧？

在数学中，你会碰到一些实际的问题需要你计算，譬如三个十两五钱总共是多少斤。但这只是我们所得的关系的具体化，换句话说，不过是一种应用。

也许你还有一个疑问，数学中的公式和定理固然只是一些"关系"的表现形式，但像定义那类的东西又是什么呢？我的回答是这样，那只是符号的规定。"到一个定点距离相等的一个完全的曲线叫圆。"这是一个定义，但也只是对于"圆"这个符号的规定。

认真来讲，数学只是这么一回事，但我仍然喜欢说它是符号的游戏。所谓"游戏"自然不是开玩笑的意思。两个要好的朋友拿着球拍在球场上打网球，他们并没有什么争胜的要求，然而玩得兴致淋漓，不忍释手，在这过程中他们得到一种满足，这就是使他们忘却一切的原因，这叫游戏。小孩子独自拿着两块石子在地上造房子，尽管满头大汗，气喘吁吁，但仍然拼尽全身力气去做，这是游戏。至于为银盾而赛球，为锦标而练习赛跑，这便不是游戏了。还有为了排遣寂寞，约几个人打麻将，喝老酒，这也算不上游戏。就在这意味上，我说"数学是符号的游戏"。

　　自然，从这游戏中可以得到一些收获——发现一些可以供人使用的关系。但符号使用得越多，所得的关系越不容易具体化。等你踏到数学的领域的后部，真的，只要见到符号和关系，那些符号，那么要你把关系说个明白，就算是马马虎虎地说，你也无从下手。

　　好了，到这一步，罗素便说：

　　"数学是这样一回事，研究它这种玩意儿的人也不知道自己究竟在干些什么。"

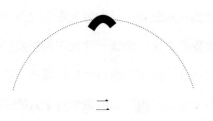

二

数学所给与人们的

我想通过这篇短文来答复许多人对于我所提出的"数学有什么用"的问题。我希望这一篇简略的述说能引起人们对于数学的伟大功绩的重现，不要低估了它的价值——虽然这对它来说没有任何损伤。

只要一个人不是全然生活在懵懂混沌的状态中，就没有一个时候——无论多么短——能够脱离数学的关系。张三比李四高一点儿；同样的树，远处的看上去低，近处的看上去高；今天的风比昨天大……许许多多的比较都是人在受到数学的锻炼以后才能获得的。从白马湖到上海去，就需要比到宁波去多备路费，多带零用物品，多留出几天的空闲；准备一月的粮食比备一天的粮食要多储几斗米；闲暇时候到山上去跑，看见太阳已发了红快掉下去，就得放快一点儿脚步才能免了黑夜的奔走……这一类的事，也不是从小到大从未受过数学的锻炼的人所能想到的。

　　一百页的书若要五天念完，平均每天应当念多少页？雇一个人做了三天的工，要给他多少工钱？想缝一件大布长衫要买多少布才不至于不足，也不至于多出剩余。这些问题自然都是很浅、很明白的，没有一个人能否认数学所给与人的"用"。但数学对于人的贡献若只有这一点，倒也不值得去学，纵然不得不学，也是一件极轻而易举的事。中国的旧式商人，通了"小九九"①便可受用不尽，若还知道点儿"飞归"②的就要被人称颂，实在是一个"呱呱叫"的人物了。就这一点而言，没有人还怀疑数学的"用"，但要因此来赞美数学，它虽未必叫屈，也绝不会安心。一般人对于数学，反而觉着越学越没有用，这是它所引以为憾的，虽然它的目的不全在给人以"用"。

　　人们若不想返回到数千年以前的生活，不愿穴居野处，钻燧取火，茹毛饮血，和别人老死不相往来，那么在某种限度以内，现在的物质文明，一切科学的、工艺的、机械的贡献的价值是不能抹杀的。物理学家、化学家、生物学家和天文学家支配世界的力量，艺术家以及思想家原是难分轩轾。人类与其他一切生物不同，能够享受较满足、较愉快的生活，全倚仗他们的思想。数学就是思想的最重要的工具，在二十世纪以后，想要找一种不受数学的影响的思想界的产物，恐怕是不可能的吧？

　　抱残守缺的中国式的旧工艺，已经渐渐地失去了满足人们需要的

---

①乘法口诀，如一一得一，一二得二，二五一十等。也叫九九歌。
②珠算中两位数除法的一种简捷的运算方法，将归除合并，作成口诀，归后不用商除，以简化运算程序。参阅宋·杨辉《乘除通变算宝》。

力量了。而公输子之巧，不以规矩，也不能成方圆；师旷之聪，不以六律，仍然不能正五音。没有他们的"巧"或"聪"的人怎能不墨守成规呢？可怜的中国啊！要想建筑一所卫生的、美丽的、高大的房屋，就不得不到洋人或读过洋书的人的面前去屈尊求教了！

在空闲的时间到剧院里去听戏或去音乐会听音乐，为增长一点儿知识到演讲会中去听讲演，都会遇到一件使人感到痛苦的事，不是力量大，腿长或钱多的人，必定会被挤到人群的后面，到了一个听而不闻的位置，乘兴而去败兴而回。哪儿能想到一个能容纳五六千人，没有一个人站着听讲的讲堂，已经在美国筑了起来，供给不少的人享乐呢？更何况这样伟大、适用的讲堂是只凭借着一个极简单的代数式 $Y^2=70.02X$ 就可以筑起来呢？凭借这样一个极简单的式子，工程师坐在屋里，吸着雪茄，不费多大力气就把一切墙的形式、台的长、天花板的高从容地决定出来，而且不差分毫。这不是什么神奇的事，仅仅依声浪直线行进和投射角相等的角折回的性质和一个代数式的几何的曲线的性质，便受用不尽了！数学对于更大、更美的建筑，也有同样的贡献啊！除了丁字尺、三角板、圆规，还有什么方法可以取方就圆、切长补短呢？仅仅是基本的帮助，就是很大的帮助了！

$(a+b)^2=a^2+2ab+b^2$

$(a+b)^3=a^3+3a^2b+3ab^2+b^3$

$(a+b)^4=a^4+4a^3b+6a^2b^2+4ab^3+b^4$

这样的式子，不曾和铜元、钞票一样明白显示它的"用"，哪儿知道经济学上也和它关联密切呢？债券的价格、拆换、生命保险、火灾保险，都要以它为根据。

虽然按照上面的说法，把数学所给与人的，讲得比一般人所能想到的大了一点儿，但仍然不能展现它真实、伟大的贡献。若从天文学上考究，可以使人们感到更惊异，从而相信它的力量了。

在太阳已落到西边去，月亮也唤不起的夜里，我们眼里所看到的美，不是挂了满天的星星吗？有闪烁的，有飞舞的，没有一个人不曾用"无数"两个字来表示它们的繁多。对于人们数不尽的星星，数学上却只需几个简单的式子，就能统括起它们运行的轨迹，依着式子就可决定它们在某时的相关位置，比用人眼所看的还精准。在海王星没有被发现的时期，因研究关于星的扰动，亚当斯（Adams）和许多天文学家就从数学上确定了它的轨道。当它运行到望远镜可以看见的位置的时候，亚当斯和他的朋友通过计算所得的位置将望远镜移转，这被数学所"捕捉"的海王星果然无所逃避，被他们看见了，这在以前是不可能的。

这样的例证虽然多，但都是在理科上的运用，一般以数学为理科的基础的朋友们当然不否认，别的人难免仍有微词。以数学为理科的基础，虽没有什么错，却小看了数学的力量。

数学在哲学的领域占有相当的地位，这是从人类文化略有基础的时候就是这样的。柏拉图（Plato）教他的弟子学哲学，要他们先学几何锻炼思想。毕达哥拉斯（Pythagoras）的哲学和数学更分不了家。其实很难找出不受数学的洗礼的哲学家，读过哲学史的人对于这话总不至于认为武断吧？

逻辑算是哲学的基础了，数理逻辑（Mathematical Logic）的创建，使哲学的研究得到了较大的助力。虽然这种研究还处于萌芽阶段，但"它可以使我们易于研究，相对于'言辞的推论所能得出的'更抽象的观念，它可以指示'用别的方法想不到'的有效的假定，它可以帮助我们立刻看出建筑一个符合逻辑的或科学的理论至少需要的材料是什么。"也就功不可没了。

数学上对于"连续"和"无限"的研究，在得到了圆满的结果以后，对于哲学上的疑问，不少也就可以得到解答了。正是由于数学和哲学在某些方面很难分出界限来，因此数学不只是理科的基础。假使哲学在人的思想界能显出更大的权威来，数学的功效也就值得称为伟大了，何况它所加惠于人的还不止这些呢？

以求善为目的的人们很容易轻视数学，甚至认为数学是会使人习于深刻的，应当反对。但真正的善本没有深刻与否的问题，后一层没有答辩的必要。数学是以求真为主的，和善有关系吗？既然数学对于人有绝大的贡献，它本身当然是善的。以数学为基础的科学，也是以有助于人的幸福为目的，数学也是没有罪的。至于利用科学而产生的罪恶——机械供资本家使用，使得一班操手工业的人不得不忍辱含垢地到工厂里去讨苦痛的生活，军国主义者利用科学制造杀人的猛烈的器具，这不是科学的罪恶，更不是为科学的基础的数学的罪恶。

"善"不是在区别是非吗？"善"不是要寻求道德的真正意义吗？要满足这样的目的，恐怕不能不借助数学吧？

很容易与数学发生冲突，或无关系的，要属艺术了。艺术自然是从情感出发的，但纯粹不加入点儿理智成分的情感，人也是不容易有的吧？"真"和"美"也不是完全可以分开的啊！秩序、和谐，不是美的必要条件吗？音阶的组成，不也要倚赖数学将各音的振动关系表明吗？一张画有各种物件的关系位置的图，各部分的大、小、长、短不也是由数学所支配的吗？

数学本身也能将美贡献于人。我们和外界接触的时候，森罗万象，倘若在心里不能将它们分得井然有序，自然界的可憎恐怕使人一个早上都坐不稳了！这种综合能力，从数学出发比较简要、可靠，并非其他学科所能比拟的。若要表现一种图形的变化，也以数学为简单明了。数中间的奇妙变化，给人的美感也是无法言说的啊！从一到无穷的整数中，整数是无穷的；从一到二之间的数也是无穷的；从一到二分之一，或二十分之一，二百分之一……以至于二亿分之一间的数仍然是无穷的。这样的想象难道只能使人们感到枯燥而没有一点儿美感吗？崇高和伟大是兴起美感的，使人们感到大而又大，大之外还有大，无论如何可以超出我们的想象力以外，从什么地方还可以得到这样的美感呢？大，大至无穷；小，小至无穷；变幻，变幻至无穷；极纷繁不可计的，可以综合到极简单；极简单的可以推演到无数。这样的动态的美感难道不值得赞颂吗？

前面已经说过很多了，或许表现出数学所给与我们的不算少吧。我们从中得到的只有这些吗？是否还有更大的呢？我想，从精神层面将我们居住的世界扩延出去，使人们不局限在现实的空间内，才是数学最大的智慧。要说到这一层，较详的叙述实在无法免去。

我们想象有种在直线上生活的人——说他是人——他的行动只有前进和后退，不能改变方向——无论上下、左右。倘若我们在他行进的直线上前后都加上了极薄、极短的阻隔——只要有阻隔，无论多么薄多么短——如果不允许他冲破那阻隔，他只有困死在里面了。在我们看来，这是何等的可笑呢？抬一下脚或向左右一移动就得到生路了。但这是我们这些没有在直线方向活动的人替他想到的，他绝不能领会。

比他更进步的人——假定说——他不但能在直线上活动，在平面内部也能活动。这个世界上的人，自然不至于有前一种人的厄运，因为他可以在平面内部活动——虽然不能上下活动——得到生路。但是，只要在他所在的平面上，围着他画一个小圈，虽然这圈是用墨笔画的，也看不出它的厚度来，只要不允许他冲破，也就可以限制他的活动，围困他了。我们用我们的智慧可以指示他，叫他不用力地跳下就可以出来。但"跳"是上下的活动，是他不能理会的，所以这样的指示就如同对牛弹琴，不能给他任何的帮助，这也是我们作为旁观者认为可笑的。

我们笑他们，他们固然只能忍受了，或者他们和我们一样，不但不能领受别人的指示，而且永远想不到那样的指示是有的。这句话似乎很惊异。但是我要提出一个问题：假如有人将我们用一张极薄的纸做成的箱子封闭在里面，不许我们扯破箱子，我们能出来吗？不会在里面困死吗？直线世界的人不打破他前后的阻碍不能出来，我们笑他；平面世界的人不打破他四周——前后左右的围圈不能出来，我们笑他。我们自己呢，不过多一条出路——上下——一旦把这条多的出路一同封住，我们也就只有坐以待毙了，这不应当受讥笑吗？这是不应当的，因为我们和他们有一点不同。他们的困难是我们所能战胜的，我们的困难是不能战胜的。因为除了前后、左右、上下三条路，没有第四条路。这样的解释，不过聊以自慰罢了。我们在立体世界想不出第四条路就像他们在直线世界想不出第二条路，在平面世界想不到第三条路是一样的。都是只凭各自的生活环境设想的。直线世界的人不能因他们的想象所不能及而否认平面世界的人的第二条路，平面世界的人不能因他们的想象所不能及而否认我们的第三条路，我们有什么权利因我们的想象所不能及而否认第四条路呢？不将第四条路否认掉，第五、第六条路也就同样地难于否认。有了三条路以外的路，不打破薄纸做成的纸箱，立体世界里除了笨伯还有谁出不来呢？这样的说法，对于执着在物质的现实界的人们除了惊异的摇头外，只有用实际的生活作武器来反对了。在立体世界的实际方面，第四条路是找不出的。但这样由合理的推论得到的理想的世界——这里只是比喻，数学上自有基于理论的证明——使我们的精神生活不会仅仅局限在时空以内，这是何等伟大的成就！愚蠢的人们劳心、焦心地统领着一般富于兽性的人，杀戮了许多善良的朋友，才争得尺寸的地盘。不费一矢，不伤一人，不和任何人相角逐，在立体世界以外，开拓了第四、第五……条路来，不占有而享受，精神界的领域何等广漠！这就是数学所给予人们的！

三
数的启示

　　为了避去城市喧嚣，我搬到了乡间住。住屋的窗外横着一大片荒芜的草地，当我第一次进屋时，它所给我的除了凄寂感外，便再没有什么了。太阳将灰黄色的网覆盖着它，风又不时地从它的上面拂过，使它露出好像透不过气来的神色。这让我同时感受到生命的微弱和生活的紧张。整整一个下午都在这样的心境中过去。夜来了，上弦月挂在窗户的左角，那草地静默地休息着，也将我的迫促感涤荡了去，而引导我的母亲的灵魂步进我的心里，已十七八年不能见到的她的面影，此时浮现在我的眼前，虽免不了怅惘，同时却也能尝到些甜蜜。呵！多么甜蜜呀！被母亲的灵魂抚慰！

　　那时，我不过六岁吧，也是一个月夜，四岁的小妹妹和我傍着母亲坐在院子里，她教我们将手指屈伸着数一、二、三、四、五……妹妹数不到三十就要倒回去，我也不过数到五十六七便开始理不清头绪。我们的愚笨先是使得母亲笑，后来无论她怎样引导我们，还是没有一点儿进步。她似乎有些着急了，开始责备我们："这样笨，还数不到一百。"从那时候起，我心里便形成了这样一个牢不可破的观念，不能把数目数清的人就是笨汉。笨汉这个词，从我们一家人的口中说出来，含有不少令人难堪之意，觉得十分可耻。于是我有些惶恐，总怕我永远不会数到一百，一百个数就是数的全体了，能将它数清的便是聪明人而非笨汉，我总是这样想。

也不知经过多少日月，我总算可以数清一百个数了，然而并不曾感到可以免当笨汉的快乐，这是多么不幸呀！刚将一百个数勉强数得清，一百以上还有一千，这个模糊的印象又钻进我的脑海里，不过对于它已经没有像以前对于一百那样恐惧，因为一千这个数是从两条草绳穿着的铜钱指示我的。在那上面，左右两行，一行五节，一节便是一百。我不曾从一百零一顺数到二百零一、三百零一以达到一千，但我却知道所谓一千是十个一百。带着这个发现，我又注意过好多钱串子，居然没有一次失败，我高兴极了。有一天，我便倒在母亲的怀里这样问她："妈妈，十个一百是不是一千？"她笑着回答我一个"是"字，然后摸摸我的头。我真欢喜极了，一连好几天，走进走出，坐着睡着，一想到这个发现，就感到十分快活。

可惜得很！这快意不久就被驱散了！原来，那时我已七岁，祖父正在每天教我读十多句《三字经》，终于读到一而十，十而百，百而千，千而万，还有什么亿、兆、京、垓、秭、穰、沟……都是十倍十倍地上去的，将我弄得头昏脑胀。从此觉得似乎只能永远当个笨汉！这个恐惧虽然不是很严重地压迫着我，但确实有很多次在我的心中涂染一些阴影。一直到我进小学学数学，知道了什么加、减、乘、除，才将这个不能把数完全数清的恐怖的念头埋深下去。

这些回忆，今夜将我缠绕得很紧，祖父和母亲的慈祥和蔼的面容，因为这回忆，使我感到温暖、愉悦。同时对于数的不能理解，使我感到超过了恐惧以上的烦扰，无论怎样，我只想到一些数所给我的困恼！说实话，这时，我对于数这个奇怪的东西，比起那被母亲说我愚笨的时候，总是多知道一点儿了。然而，这对我有什么用呢？正因为多知道了这一点儿，反倒把自己不知道的照得更明白，这对我有什么用呢？那居然能将一百个数数清时的快乐，那发现十个一百便是一千时候的喜悦，以后将不会再来亲近我了吧！它们正和我的祖父、我的母亲一般，只能在我的梦境或回忆中来慰藉我了吧！

再来说说数。

平时，把数写到十位、二十位，不但念起来不顺口，计算和它们有关的数也会觉得麻烦。在我们的脑海里，常常想到的数顶多十位左右。一旦超过这个限度，在我们的感知上，就和无穷大没有什么差别，这真是无可奈何的。有些数我们可以用各种方法去研究它，但我们却永远不能看见它的真面目，这是多么神奇啊！随便举一个例子吧。

M. Morehead 在 1906 年发现了 $2^{273}+1$，这个数是可以被 $5 \cdot 2^{75}+1$ 除尽的，说明它不是一个质数，我们总算知道它的一点儿性质了。但是，它究竟是一个什么数呢？能用 1，2，3，4……九个字排列成类似普通的数的形式吗？随便想想，这不过是乘法的计算，凭借我们已知的法则，一定可以将它弄出来，但实际上却做不到。先说它的位数，就很惊人了，它应当有 $0.3 \times 9444 \times 10^{18}$ 位，比 2700×10^{18} 个数字排成的数还要大得多。

让我们来看 2700×10^{18}（就是 27 后面有 20 个 0）这个数，假如一个数字只有一毫米宽，这在平常算是很小了，但这个数排列起来，就得有 2700×10^{12} 公里长，可以把地球的赤道围 60×10^9 圈，甚至还要更长，我们怎么有这么长的绳呢！

再说我们完全将它用"1"写出来（假如已知道它），每秒钟写一个数字，每天写足十个小时，一年三百六十五天不间断，要写多长时间呢？这很容易计算的，$(2700 \times 10^{18}) \div (60 \times 60 \times 10 \times 360) = 2 \times 10^{14}$ 年。呵！人寿几何！就算全世界的人（约 15×10^9 个）同时都来写（假定这数是可分段写的），那也得要十三万年才能写完。这是多么大的工程啊！号称历史悠久的中国，粗略地说，也还只有过四五千年的寿命。呵！十三万年，多么长久啊！

像这般大的数，除了对它惊异，我们还能做点儿什么呢？但数，这个神奇的东西，不只其本身可使人们惊异，就连它的变化也能令我们吃惊。关于这一类的例子，也是十三万年不能写完的，随便举一个忽然闯进我脑海里来的例子吧！

有一天，什么时候已记不清了，那时我还在学校念书，八个同学围坐在一张八仙桌上吃午饭，两个同学因选择座位的问题起了争执。后来虽然这件事解决了，但他们总是不平。我在吃饭的当儿，因为座位问题，便联想起了八个人排列的变化，现在将它来作为一个讨论的问题。八个人围着一张八仙桌调换着次序坐，究竟有多少坐法呢？甲说十六，乙说三十二，丙说六十四……说来说去没有一个人敢说到一百以上。这样的回答，与真实的数相差甚远！最终我们便认真计算起来：两个人有 2 种排法，这很容易明白，三个人有 6 种，就是 $1 \times 2 \times 3$，继续推理，四个人有 24 种，$1 \times 2 \times 3 \times 4$，五个人有 120 种，$1 \times 2 \times 3 \times 4 \times 5$……八个人便有 40320 种。这样的数，虽然是按照理法算出来的，却没有一个人肯相信实际上真是这样，我们不期而然地都有这样的观点。我们八个人可以在那个学校就读的时间只有四年，哪怕一年三百六十五天都不离开，四年中若再加上有一年是闰年应多一天，总共也不过一千四百六十一天。每天三餐饭，大家不过围那八仙桌四千三百八十三次。每次换着排法坐，所能变化出来的花头，还不及那真实的数的九分之一。我们是何等的渺小呀！然而我们要争，所争的是什么呢？

数，它的本身，它的变化，使本不可穷究的天地在我们的眼前闪烁，反照出我们多么渺小，多么微弱！"以有尽逐无已殆矣"，我们只好垂头丧气地，灰白了脸，抖颤着跪在它的脚下了！

然而，古往今来，有几个大彻大悟的人甘心这样卑躬屈膝呢？受黄老思想支配着的高人雅士，他们丢下荣华富贵，甚至抛开妻室儿女，这总算够聪明了。但是，他们只是想逃避，承受为了吃饭而不得不劳身劳神的那种苦痛。饭，他们还是要吃的。他们知道了生也有尽头，他们就想秉烛夜游；他们觉得在烦扰忧思中活几十年不值得，他们就想在清闲淡雅中延年益寿。看吧，他们有的狂放，以天地为一朝，万期为须臾，自己整天喝酒，叫人扛着锄头跟在后面；他们有的恬静，梦游桃花源，享受那"不知有汉，无论魏晋"怡然自乐的生活。那位舍去宫庭，跑到深山去的释迦牟尼，他知道人间有生老病死苦，便告戒众生要除去一切贪嗔痴的妄念。然而，他这一心一意想要普渡众生的念头，岂不是比众生更贪、更嗔、更痴吗？站在庸俗人的头上，赏玩清风明月，发发自己的牢骚，这算得上就是高人雅士了。

会数了一百还有一千，会数了一千还有一万，数总是数不完的，于是，干脆连一百也不去数了。因为全世界的人，用尽十三万年也不能将那一个数写出，所以索性将它放在一边，装着痴傻。几个人排来排去，很难将所有的花头排完，所以干脆死板地坐着一动不动。这样，不但可以掩盖自己的愚笨，还可以嘲笑别人的愚笨。呵！高人雅士，我们常常在被嘲笑之中崇敬他们，欣羡他们！

数，反照出我们的渺小。对于高人雅士的嘲笑，并不能使我看出他们的伟大，反而使我感到莫名的烦苦！烦苦！烦苦！然而烦苦是从贪生出来的，我总是贪生的，我能得到另一条生路吗？

我曾经从一起，一个一个地数到一百，但我对于一千却是一百一百地数而知道它是十个一百的。Morehead 不知道 $2^{273}+1$ 究竟是一个怎么样的数，但他却找出了它的一个因数。八个人围坐在一张八仙桌旁吃饭，用四年的光阴，虽然变不完所有的花头，但我们坐过几次，就会找到一个大家相安的坐法。这其中我得到了另一种启示。

人是理性的动物，这是一句老话，是一句不少人常常挂在嘴边的老话。说到理性，自然很容易想到计较、打算。人的生活，好像就受命于这计较、打算。既然要打算、要计较，那自然越打算得清楚，越计较得精明，便越好。那么，怎样才能打算得清楚、计较得精明呢？我想最好是乞灵于数了。不过话说回来，要是真能用数打算、计较得一点儿不含糊，那结果反倒会叫人吃惊，叫人咂舌，叫人觉得毫无办法。八个人坐八仙桌，有 40320 种坐法。在这 40320 种坐法当中，要想找出一种最中意的来，有什么方法呢？我们能够一种一种地排了来看，再比较，再选择，最后才照那最中意的坐法去坐吗？这是极清楚、可靠的方法！然而同时也是极笨拙、极难做到的方法。不只笨拙、难做到而已，恐怕根本是不可能的吧！菜哪，肉哪，酒哪，饭哪，热烘烘的、香腾腾的，摆满了一桌子，诱惑力有多大，有谁能不对着它们垂涎三尺呢？若要慢慢地排，谁愿意等待呢？然而就因为迫不及待，便胡乱坐下吗？不，无论哪个人都要经过一番选择才能安心。

在数的纷繁的变化中，在它广阔的领域里，人们总是喜欢选择使自己安适的，而且居然可以选择到，这真是奇迹了。固然，我们可以用怀疑的态度来评判它，也许那个人所选择的并不是他所期望的最好的。然而这样的质疑，只能用在谈空话的时候。当一个人真正在走着自己的路时，是何等急迫、紧张、狂热，哪儿管得了这些？平时，我们可以看到一些闲散的阔人，无论他们想到什么地方去，即使明明听到时钟上的针已在告诉他，时间来不及了，他依然还能够悠然地吸着雪茄，等候那车夫替他安排汽车。然而他的悠然只是因为他的不紧张。要是有人在他的背后用手枪逼着，除了到什么地方去，便无法逃命，情急之下他还能那般悠然吗？哪怕在他的眼前只是一片泥水塘，他也只好狂奔过去了。不过，这虽然是在紧迫的情况下，若我们留心去看，他也还在做选择，在当时的状态下他也总是照他觉得最好的一条路走。

人们，所有的人们，有谁踏在自己前进的路上，真是悠悠然的呢？在这样不悠然之中，竟有人想凭借所谓的理性去打算、计较，选择出一条真正适当的路走，这是何等的可怜呀！生命之神，并不容许什么人停住脚步，冷静地辨清路才走。从这层意义上讲，人的生活，即使不能完全免掉选择，那选择所凭借的力，恐怕不是我们所赞颂的所谓的理性吧！

我们可有一见如故的朋友，会面就倾心的恋人，这样的朋友，这样的恋人，才是真的朋友，真的恋人，他们能使我们感到生活的温暖。然而我们之所以认识他们，正是在我们的急迫的生活中凭借一种不可名的力量选择的结果。这种选择和一般的所谓打算、计较有着不同的意味，可惜它极容易受到所谓的理性的冷气僵冻。我们要想过上丰润的生活，不得不让它温暖、自由地活动。

数是这样启示我，若要支离破碎地去追逐它，对它是无法理解的，真要理解，另有一条路。在我们的生活上，好像也正有这样的明朗的星光照耀着！

四
从数学问题说到我们的思想

已记不清楚，是在什么时候了。大概说来，或许是在十六七年前吧，从一部旧小说上，也许是《镜花缘》，看到关于一个数学题的算法，觉得很巧妙，至今仍没有忘记。那是一个关于鸡兔同笼的问题，题上的数字现在记得已有点儿模糊，假使总共十二个头，三十只脚，要求的便是那笼子里边究竟有几只鸡、几只兔。

那书上的算法很简便，将总共的脚的数目三十折半，得十五，从这十五中减去总共的头的数目十二，剩的是三，这就是那笼子里面的兔的只数；再从总共的头数减去兔的头数三，剩的是九，便是要求的鸡的数目。计算得真是一点儿不差，三只兔和九只鸡，总共恰是十二个头，三十只脚。

仔细想一想，这个算法，不但简便，还很有趣味。把三十折半，无异于将每只兔和每只鸡都顺着它们的脊背分成两半，而每只只留一半在笼里。这么一来，笼里每半只死兔都只有两只脚，而每半只死鸡都只有一只脚了。至于头，鸡也许已被砍去一半，但既是头，无妨就算它是一个。这就变成这么一个情景了，每半只死鸡有一个头、一只脚，每半只死兔有一个头、两只脚，因此脚的总数还是比头的多。之所以多的原因，显而易见，全是从死兔的身上出来的，死鸡一点儿功劳没有。所以从十五中减去十二剩的三就是每半只死兔留下一只脚，还多出来的脚的数目。然而每半只死兔只能多出一只脚来，多了三只脚就证明笼里面有三个死的半只兔。那么原来，就应当有三只活的整兔。十二只里面去掉三只，还剩九只，这既不是兔，当然是鸡了。

这个题目是很常见的，几乎无论哪一本数学教科书只要一讲到四则问题，就会谈到它。但数学教科书上的算法，比起小说上的来，实在笨得多。为了比较，这里也写了出来。头数一十二用二去乘，得二十四，从三十里减去它，得六。因为兔有四只脚，鸡有两只，所以每只兔比每只鸡多出来的脚的数目是四减二，也就是二。用这二去除上面所得的六，恰好商三，这就是兔的只数。有了兔的只数，要求鸡的，那就和小说上的方法没有两样。

这真是个笨方法！我记得，在小学学数学的时候，为了要用二去除六，明明是脚除脚，忽然涵义就变成头，想了三天三夜都不曾想明白！到现在，多吃了一二十年的饭，总算明白了。教科书上的算法，总算懂得了。脚除脚，不过纸上谈兵，并不是真的将一只脚去弄别的一只，所以变成头，变化整个兔或鸡都没关系。正和小说中的方法一样，将每只兔或鸡劈成两半，并非真用刀去劈，不过心里演绎的情景而已，所以劈了过后还活得过来，一点儿不伤畜道！

我一直都觉得，这样的题目总是小说上的解法来得有趣，来得便当。近来，因为一些别的机缘，再将这两种解法比较一看，结果却有些不同了。不但不同，简直是恰好相反了。从这里面还得到一个教训，那就是贪便宜，最终得不到便宜。

所谓便宜，从经济层面上讲，就是劳力小而获利大，所谓一本万利，即如一块钱买张彩票中了头彩，轻轻巧巧地就拿一万元，这是人人都欢喜的。说得高雅些，堂皇些，那就是科学上的所谓法则。向着这条路走，越是可以应用广泛的法则越受人推崇。爱因斯坦的相对论，非欧几里得派的几何，也都是为了它们能够统领更大的范围，所以价值更高。科学上永远是喊"帝国主义万岁"，弱小民族无法翻身的！说得再明白点儿，那就是人类生来就有些贪心，而又有些懒惰。实际呢？人的精力也有限得可怜，所以常常自己给自己碰钉子。无论看见什么，都想研究它，都想用一种方法对付它，然而却不愿多付出力气。于是，便整天想要找出一些推之四海而皆准的法则，总想有一天真能达到"纳须弥于芥子"的境界。这就是人类对于一切事物都希望从根本上寻出它们的一个基本的、普遍的法则来的理由。因此学术一天一天地向前进展，人类所能了解的东西也就一天多似一天，但这只是从外形上讲。若就内在而言，那支配这些繁复的事象的法则为人所了解的，却一天一天地简单，换言之，就是日见其抽象。

回到前面所举的数学题目上，我们可以看出那两个法则的不同，随之就可以判别它们的价值，究竟孰高孰低。

第一，我们先将题目分析一下，它总共包含四个条件：（一）兔有四只脚；（二）鸡有两只脚；（三）总共十二个头；（四）总共三十只脚。这四个条件，无论其中有一个或几个发生变化，所求得的数就不相同，尽管题目的外形全不变。再进一步，我们还可以将题目的外形也进行改变，但其本质却没有两样。举个例子说："一百馒头，一百僧，大僧一人吃三个，小僧一个馒头三人分，问你大僧、小僧各几人？"这样的题，一眼看去，大僧、小僧和兔子、鸡风马牛不相及，但若追寻解题的基本原理，放到大算盘上去却别无两样。

为了一劳永逸，我们需要找到一个在骨子里可以支配这类题目、无论它们外形怎样改变的方法。那么，我们现在就要思考，前面的两个方法，一个小说上的，巧妙的；一个教科书上的，呆笨的，是不是都有这般的力量呢？答案却只有否定了。用小说上的方法，此路不通，就得碰壁。至于教科书上的方法，却还可以迎刃而解，虽然笨拙一些。我们再将这个怪题算出来，假定一百个都是大僧，每人吃三个馒头，那就需要三百个（三乘一百）馒头，不是明明差了两百个（三百减去一百）吗？这如何是好呢？只得在小僧的头上去揩油了。若将一个大僧调换成一个小僧，有多少油可揩呢？不多不少恰好三分之八个（大僧每个吃三个，小僧每人吃三分之一，三减去三分之一余三分之八）。若要问，需要揩上多少小僧的油，其余的大僧才可以每人吃到三个馒头？就用三分之八去除二百，得七十五，这便是小僧的数目。从一百里面减去七十五剩二十五，这就是每人有三个馒头吃的大僧的数目了。

将前面的题目的计算方法，和这里的比较，即可看出除了数量上的差异外一点儿差别都没有。由此可知，数学教科书上的法则，含有一般性，可以应用得广泛一些。小说上的法则既然那么巧妙，为什么不能用到这个外形不同的题目上呢？这就因为它缺乏一般性，我们尝试来对它进行一番检查。

这个法则的成立，有三个基本条件：第一，总共的脚数和两种的脚数，都要是可以折半的；第二，两种脚的数目恰好差两只，或者说，折半以后差一只；第三，折半以后，有一种每个只剩一只脚了。这三个条件，第一个是随了第二、三个就可以成立的。至于第二、第三个条件并在一起，无异于，必须一种是两只脚，一种是四只脚。这就判定了这个方法的应用范围，永远只有和兔子、鸡这类题目打交道。

我们另外举一个条件稍作改变的例子，仿照这方法计算，更可以看出它不方便的地方。由此也就可以知道，这方法虽然在特殊情形当中，有着意外的便宜，但它所需条件非常硬性，推广到一般的情形上去，反倒显得笨重。"八方桌和六方桌，总共八张，总共有五十二个桌角，试求每种各有几张。"这个题目具备了前面所举的三个条件中的第一个和第二个，只缺第三个，所以不能完全用相同的方法计算。先将五十二折半得二十六，八方和六方折半以后，它们的角的数目相差虽只有一，但六方的折半还有三个角，八方的还有四个。所以，在三十六个角里面，必须将每张桌折半以后的角脚数三只三只地减去。总共减去三乘八得出来的二十四个角，所剩的才是每张八方桌比每张六方桌所多出的角数的一半。所以二十六减去二十四剩二，这便是八方桌的数目，八张减去二张剩六张，这就是六方桌的数目。将原来的方法用到这道题上，步骤就复杂了，但依照教科书上的方法，用到那些形式相差甚远的例子上并不繁重，这就可以证明两种方法使用范围的广狭了。

越是普遍的法则，用来对付特殊的事例，往往容易显出不灵巧，但它的效用并不在使人得到小花招，而是要给大家一种可靠的、能够一以当百的方法。这种方法的发展性比较大，它是建立在一类事象所共有的原理上面的。像上面所举出的小说上所载的方法，它的成立所需的条件比较多，因此就把它可运用的范围划小了。

暂且丢开这些例子，另举一个别的来看。中国很老的数学书，如《周髀算经》上面，就记载过一个关于直角三角形的定理，所谓"勾三股四弦五"。这正和希腊数学家毕达哥拉斯的定理："直角三角形的斜边的平方等于它两边的平方的和。"本质上没有区别。但由于表出的方法不同，它们的进展就大相径庭。从时间上看，毕达哥拉斯是纪元前六世纪的人，《周髀算经》出世的时代虽已不能确定，但总不止两千六百年。在这个方面，我们中国人也可以自傲了，这样的定理，我们老早就有的。这似乎比把墨子的木鸢当作飞行机的始祖来得大方些。然而为什么毕达哥拉斯的定理在数学史上有着很大的发展，而"勾三股四弦五"的说法，却没有新的突破呢？

坦白讲，这是后人努力与否的缘故。我虽赞同这个理由，但我想即使有同样的努力，它们的发展也不会一样，因为它们所含的一般性已不相等了。所谓"勾三股四弦五"究竟所表示的意义是什么？是说三边有这样的差呢？还是说三边有这样的比？固然已经学了这个定理的人，是会知道它真实的意义的。但这个意义没有本质地存在于我们的脑海里，却用几个特殊的数字硬化了，这不能不算是阻碍思想发展的一个大屏障。在思想上，尽管让一大堆特殊的认识不相关联地存在，那么，普遍的法则是无从下手去追寻的。如若不能擒到一些事象的法则，便不能将事象整理得井然有序，因而要想对于它们有更丰富、更广阔、更深邃的认识，也就不可能。

有人说中国之所以没有系统的科学，没有系统的哲学，是因为中国人贪图小利，只顾眼前的实用，还有些别的社会上的原因，我都不否认。不过，我近来却感到，我们思想在前进的道路有些不同，这也是原因之一，也许还是本原的，影响较大的。在中国的老数学书上，我们可以看出这些值得我们崇敬的成绩，但它发展得非常缓慢，非常狭窄。这就是因为那些已发现的定理大都是用特殊的几个数阐释，使它的本质不能明晰地显现，不便于扩张、深究的缘故。我们若想从"勾三股四弦五"这一种形式的定理，去研究出钝角三角形或锐角三角形的三边的关系，那就非常困难。所以现在我们还不知道，钝角三角形或锐角三角形的三边究竟有怎样的三个简单的数字关系存在，也许压根儿就没有这回事吧！

至于毕达哥拉斯的定理，无论是在几何上，还是在数论上都有不少的发展。当然不可能在这里详细介绍，喜欢数学的人，很容易了解，现在只大略叙述一点。

在几何上，有三个定理并列着：

（一）直角三角形，斜边的平方等于它两边的平方的和。

（二）钝角三角形，对钝角的一边的平方等于它两边的平方的和，加上这两边中的一边和它一边在它的上面的射影的乘积的二倍。

（三）锐角三角形，对锐角的一边的平方等于它两边的平方的和，减去这两边中的一边和它一边在它的上面的射影的乘积的二倍。

单只这样说，也许不清楚，我们再用图和算式来表明它们。

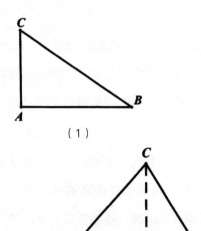

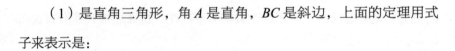

（1）是直角三角形，角 A 是直角，BC 是斜边，上面的定理用式子来表示是：

$$\overline{BC}^2 = \overline{AB}^2 + \overline{AC}^2$$

（2）是钝角三角形，角 A 是钝角，上面的定理用式子表示是这样：

$$\overline{BC}^2 = \overline{AB}^2 + \overline{AC}^2 + 2\overline{AB} \times \overline{DA}$$

（3）是锐角三角形，角 A 是锐角，上面的定理可以用下式表示：

$$\overline{BC}^2 = \overline{AB}^2 + \overline{AC}^2 - 2\overline{AB} \times \overline{DA}$$

三条直线围成一个三角形，从角的形式上说，只有直角、钝角和锐角三种，所以既然有了这三个定理，便已能将三角形三边的长度的关系说得明白。但分成三个定理，记起来未免麻烦，还是有些不适于我们的懒脾气。若能够想一个方法，将这三个定理合并成一个，岂不是奇妙无比吗？

人，一方面固然懒，然而之所以可以容许懒因为有些人愿意而且能够替懒人想方法的缘故。我们想把这三个定理合并成一个，结果真有人替我们想出方法来了，他对我们这样说：

"你记好两件事：第一件，在图上，从 C 画垂线到 AB，若这条垂线正好和 CA 相交，那么 D 和 A 也就分不开，两点并成了一点，DA 的长是零。第二件，若从 C 画垂线到 AB，这垂线是落在三角形的外面，那么，D 点也就在 AB 的外边，DA 的方向由外向里，算是'正'的；若垂线是落在三角形的里面，那么，D 点就在 AB 之间，DA 在的方向与上面那种情况相反，是从里向外，这就算它是'负的'。"

记好这两件事，上面的三个定理，就只有一个了，那便是：

三角形一边的平方等于它两边的平方的和，加上这两边中的一边和它一边在它上面的射影的乘积的二倍。

若用式子表示，那就是前面的第二个：

$$\overline{BC^2} = \overline{AB^2} + \overline{AC^2} + 2\overline{AB} \times \overline{DA}$$

照那个人的吩咐，若 A 是直角，DA 等于零，所以式子右边的第三项没有了；若 A 是钝角，DA 是正的，第三项也是正的，便要加上前面两项的和；若 A 是锐角，DA 是负的，第三项也是负的，便只好减去前面两项的和。

到了这一步，毕达哥拉斯的定理算是很普遍、很清晰了。记起来便当，用起来简单，据此继续往前进展自然容易得多。

上面只是讲到几何方面的进展，下面再来讲数论方面的，这和图没有关系，所以我们先将它用简单的式子写出来，就是：

$$x^2 + y^2 = z^2$$

在这个式子中，可以发现许多有趣味的问题，比如 x，y，z 若是相连的整数，能够符合这个式子条件的，究竟有多少呢？所谓相连的整数就是后一个比前一个只大一的，假如我们设 y 的数值是 n，x 比它小 1，就应当是 n 减 1，z 比它大 1，就应当是 n 加 1，因为它们符合这个式子的条件，所以：

$$(n-1)^2+n^2=(n+1)^2$$

将这个方程式解出来，我们知道 n 只能等于 0 或 4，而当 y 等于 0，x 是负 1，z 是正 1，这不是三个连续数。所以 y 只有等于 4，此时 x 等于 3，z 等于 5。真巧妙极了，这便是中国的老数学书上的"勾三股四弦五"的说法！我们的老祖宗真比我们聪明得多！

在另一方面，若 x，y，z 都是整数，也还有许多性质可以研究，而且都是很有趣的，但这里不是编数学讲义，故暂且不谈。

换个方向，不管 x，y，z，我们来研究它们的指数，若指数不是 2 而是 n，那式子就变为：

$$x^n+y^n=z^n$$

n 若是比 2 大的整数，x，y，z 就不能全都是整数而且还没有一个等于零。

这是数学上很有名的费马的最后定理（Le dernier théorème de Femat）。这个定理是在十七世纪就说出来的，可惜他自己没有将它证明。一直到了现在，研究数学的人，既举不出反倒来将它推翻，也找不出一般的证明法。现在只做到了这一步，n 在一百以内，有了一些特殊的证法。

关于数学的话，说起来总是使人看得头痛，不知不觉就写了这一大段，实在很抱歉，就此不再说它，转过话头吧！我的本意只想找点儿例子来说明，我们的思想若只向着特殊的范围去找精明、巧妙的法则，不向普遍的、开阔的方面发展，结果就不会有更好的、更多的收获。前面所举的例子，将我们自己去和别人比较，就可以看出来，由于思想前进的方向不同，我们实在吃亏不小。现在有些人提着嗓子高喊提倡科学，说到提倡科学，当然不是别人有了飞机，我们也有几个人会驾着兜几个小圈子就算完事的，也并不是跟着别人学造牙刷、牙膏就能算数的。真正要提倡科学，不但别人现在已经知道的，我们都应该有人知道，而且还要能够和别人并排向前走，这才没有一点儿惭愧！然而谈何容易！

照我的蠢想法，倒觉得大炮、毒瓦斯那些杀人的武器，我们永世不会造也好，多有些人会造，其结果自然是棺材铺打牙祭，要的是人死。我们不会造，借此也可以少作些孽。像牙膏、牙刷、汽车、电灯这些东西，暂时造不好，反正别人造出来总会争着卖给我们用的，所以也没有什么。请不要误以为我是不顾什么国计民生，甘心替什么帝国主义、资本主义当奴隶！真喜欢当奴隶，会造牙膏、造牙刷，也好去当，也许当起来更便当些！你只要看所谓奴隶、走狗之流总是新人物比旧人物来得多，就可以恍然大悟了！

说到底，西洋人现在闹得声势浩大的所谓文明，所谓科学，也不过二百来年努力的结果。感谢他们的努力，地球总算因为他们而缩小了，兜一个圈子不过一个多月，只要不经过中国的内地。所以他们有点什么花头，也瞒不了我们。可以说一句乐观的话，西洋人毕竟只有那么多，我中国人粗略估计也有四亿①，从现在就努力，谦虚地说，五十年，不怕不会翻筋斗。然而所谓努力者，从哪里起手呢？提倡科学！提倡科学！这是不容质疑的！所谓提倡科学，究竟是怎么一回事呢？第一要紧的是要培养科学的头脑！

什么是科学的头脑？呀！要回答吗？一两句话固然说不完，一千句话也未必能说完，若只就我所及来回答，第一步就是思想的进展的抽象的能力。有了这抽象的能力，在百千纷纭繁杂的事象中，自然可以找出它们的普遍的法则来支配它们，叫它们想逃也逃不了。但我们是多么缺乏这样的能力啊！

有人说，中国人的抽象能力，实在够充足了。所以十二三岁的小学毕业生，就会想到人生观、宇宙观，那些大问题上面去，而且不用一两年，就会产生颓废、消极、悲观……这个事实，本是很明显地摆在人们眼前的，我一点儿没有忘了它。不过这样的抽象，假如算抽象的话，那么我这里所说的抽象，字面上虽没有两样，本质却有些不同。怎样地不同，大概应略加以说明了吧！

这里所说的抽象，是依据了许多特殊的事例去发现它们的共同点。比如，先有了一个鸡兔同笼那样的题目，我们居然找出了一个方法来计算它。我们固然很高兴、很满足了，却不可到此止步，我们应当找一些和它相类似的题目来把我们所找出的方法推究一番。我们用了那八方桌和六方桌的例子检验出我们从小说上得来的方法，需要加些条件进去，才能解决我们的新问题。最初一折半后，一减就可得到答数，后来，却

——————————
① 指当时的人口数量。

没有这么简单。这是为什么呢？那就是因为最初碰到的一个例子，具有特殊条件局限性，我们就是将计算的步骤忽略了一段也没有什么关系，所以原来的可以简单。对于一般的例子来说，只好算是偶然的。偶然的机会，在特殊的事象中，都包含在内，所以要除掉它，只有多收集一些特殊事例来比较。有一个鸡兔同笼的题目，有一个八方桌和六方桌的题目，又有一个一百个和尚吃馒头的题目，若再去寻，比如还有一个题目是：十元钞票和五元钞票混在一只袋里，总共是十张，值八十块钱，求每种几张。将这四个题目并在一起，我们再去研究解题的通法，一定可以得出一个较普遍的法则来。这不过是用来做例，我们所要求的方法，并不是只要能对付一类的题目就可以满足的。有了这种方法以后，我们还得将题目改变一下，弄复杂些，进一步再求出更普遍的法则。说到这里，关于鸡兔同笼这一类的题目，数学教科书上四则问题中所给我们的也不是真正的普遍解法，假如在笼子里的不只兔子和鸡，还有别的三只脚、五只脚的东西，它一样不够用，于是我们又研究出了混合比例的法则。老实说，这一类的题目，混合比例的说明才是普遍的、根本的。

平常我们很喜欢研究大题目，同时又不愿注意一个一个的特殊的事例，其结果只是让我们闭着眼睛去摸索，去妄下结论。大家既丢开了事实不提，又可以说出一些无法对证的道理来。然而，真是无法对证吗？决不是这样。遇到了脚踏实地的人，就逃不过他的手。倘使我们整天只把自己关在屋子里，那么你说地球是方的也好，你说它是圆的也好，就算你说它是三角的、五角的，也没有什么不好。但若是有一天你居然走出了大门，而且走得还很远，竟走到了前面就是汪洋大海的地方，你又看到有些船开到远处去，有些船从远处开来，你就会觉得说地球是三角的、五角的、方的都不对，你不得不承认它是圆的。这，就接近真相了。走出大门和关在屋子里极大的不同之处，就是接触的事象一个很复杂，一个却很简单。

真正的抽象是要以事实为根据的，根据的事实越多，所去掉的特殊性也随之更多，那么留存下来的共通性自然越是普遍了。所谓科学精神就是耐心去搜寻材料，静下心来去发现它们的普遍法则。所谓科学的头脑，就是充满精神的头脑！可惜我们很缺乏它！

指南针是中国人发明的，不错，中国人很早就知道了它的用场！但若要问：它为什么老是指向南方？我们有什么理由可以相信它决不会和我们开玩笑，来骗我们一两回？又有几个人能回答得出来？

中国的瓷器呱呱叫，这也不错，中国的瓷器成色不错，而且历史也很悠久！但若要问，瓷器的釉是哪几种原素？"原素"这个名字，就已足够新鲜了，还要说出有多少种？

说起来，这些都是知其然而不知其所以然的，大概批评得很对。但是，我们需要小心了！凡事都只知其然，而不知其所以然，那所知的也就很不可靠！即或居然可以措置裕如，也只好算是托天之福！要想使它进步、发展，都不是靠知其然就行的。

有一次，我生了点儿小毛病，去找了一个西医看，他跟我说，没有什么要紧，叫我去买点儿大黄吃。我买了大黄回到家里，碰巧一位儒医朋友来家中做客。他和我很要好，见我拿着大黄回去，他便问我为什么要吃大黄，又问我是找什么人看的。我一一告诉了他，他听后还我的一副脸孔，我至今还记得清楚，无异于向我说："西医也用中国药！"他一面好像感到骄傲，一面表现出轻视西医。然而我总有这样的偏见，就是中国药，儒医叫我吃，我十之八九不敢去试。我很懂得中国医生用的药，有些对于病是具有特殊的效力的。然而它为什么有那样的效力？和它治的病有什么关系？吃到肚里为什么能将病治好？这总没有人能够规规矩矩地说明白。我哪里肯用我的性命去尝试呢？

人家也常常这样说，中国医生是靠经验，几代祖传儒医之所以可靠，就是因为他不但有自己的经验，还继承了祖宗的。所谓经验，不过是一些特殊事实的积累。无论它堆得怎样高大，总没有什么一贯的联系，要将它普遍运用，哪儿能不危险呢？倘使中国的儒医具有一种抽象的能力，对于它们所使用的灵方，能够找出它的所以然来，不但对于治病真有把握，而且随时可以得到新的发展！

像数学那样缺少一般的所谓实用价值的东西，像指南针、瓷器那样的最切实际的东西，又像那医药人命攸关的东西，无论哪一样，我们中国几千年来，凭借的只是祖传和各自的零碎的经验，老实说，真有些费力不讨好了！这些哪一件不是科学研究很好的对象？自然，我们尽管叫喊着提倡科学，提倡科学，科学最终没有提倡起来，这不得不说是我们的脑子有一点儿什么缺陷吧！

话说得有点儿语病了，也许要得罪人了，必须解释几句。所谓"脑子有一点儿什么缺陷"，不是说中国人的脑子先天就不如人，而是指，后天的使用法上的差距。换句话，就是思想前进的方向有些两样。假如大家能够掉转方向，那么，我们的局面也就会大大不同了！

我们缺乏抽象力所导致的，不仅是系统的科学、系统的哲学不能产生，就在日常生活中，也使我们吃尽苦头！最显而易见的，就是我们很少能从生活中的事实中得到教训，让我们有一两条直路走。别的姑且不谈，单看我们这十几年来过的日子，和我们在这日子中的态度。甲军阀当道，我们焦头烂额地怨恨，天天盼望他倒下来。趁这机会，乙军阀就取而代之，我们先是高兴，但不到几天乙就变成甲的老样子。我们不免又焦头烂额地怨恨他，天天盼望他倒下来。趁这机会，丙军阀又取而代之，老把戏换几个角色又来一套。这样一套又一套，只管重演，我们得到了什么出路了吗？

多么有趣味的把戏呀！啊！多么有趣味的把戏呀！乙军阀、丙军阀，难道他们真的那么蠢，全不知道之前的军阀之所以会倒的原因吗？我们为什么又这样愚笨，靠甲不行，想靠乙，靠乙不行，又想靠丙呢？原来乙、丙是这样想的，他不行，我和他不一样，所以他会倒我总不会倒。我们对于乙、丙，也是这样想的，甲不行，乙、丙总比他好一点儿。行！好一点儿！从哪儿得来的结论？为什么我们不想一想，军阀有一个共通性格，这性格对于他们自身是叫他们没有长久的寿命，对于我们就叫我们焦头烂额！无论什么人只要戴上军阀的帽子，那共通性就像紧箍咒一般套在他的头上，就会叫人焦头烂额，叫自己倒下来。

我们没有充分的抽象能力，不能将一些事实聚在一块，发现它们真正的因果关系。因而我们也找不出一条真正趋利避害的路！于是我们只好踉踉跄跄地彷徨！我们只好吃苦头，并且一直吃下去！

苦头若是已经吃够了，那么，好，我们就应当找出之所以吃苦头的真实的、根本的原因。然而要发现这个，全要凭借我们的思想当中的抽象力！这是多么不幸！偏偏我们很缺少它！

五
恨点不到头

新年到了，各位也许在做"掷状元红"的游戏吧。好，这一篇就从"掷状元红"开始。

六颗骰子被掷到碗里，它们叮当叮当地乱转，直到转到气困力竭，碰巧点数出现五个六和一个五，这叫作"恨点不到头"。真是可恨，这个名堂不过只能到手一个状元，若那一点到了头，也就是六颗骰子都是六，便算全色，就不只到手一只三十二注的状元签了。所以全六比"恨点不到头"高贵得多。再说，若别人家跟着掷出一个名堂叫什么"火烧梅花"——五个红一个五——他就有权利把你已经到手的状元夺去，让你不过得到几分钟的空欢喜而已，所以红又比六高贵一些。

玩骰子的朋友们，哪怕赌的不过是香签棍，不过是小石子，输赢也是关乎各人的体面，所以谁都不想输，也就谁都希望红多，希望全六，然而它们是多么难出现啊！

难道不是吗？掷出一个红可以到手一个秀才，掷出两个红可以到手一个举人，然而偏偏总是滚出一颗幺[1]、两颗幺的时候多。玩骰子的朋友，想必都有过这样的经验吧！

是什么缘故呢？

是骰子的构造就不可靠吗？故意做得叫红不容易出现吗？

不是，不是，你想，做骰子的人，并不是靠玩骰子赢钱过活的，他大可不必替别人多费这样的心，没有谁会因此感谢他。

那么，有神吧！

对，在咱们中国人看来，一定是这样的：想发财，敬财神；想生儿子，敬送子观音；想打胜仗，敬关二爷；想什么就敬管什么的神。玩骰子想赢，哪儿能没有神！果真有位骰子神吗？玩骰子的朋友，运气不好的时候，总掷不出名堂，两手捧着骰子拜揖，向着骰子呵气，这都是在向神求助呀！

读中学生的朋友们，大约都念过一点儿洋八股[2]，虽然不一定相信洋上帝和红毛耶稣，虽然深夜走到黑洞洞的坟场里，还不免毛骨悚然，但总不愿意相信什么鬼神了。那么，上面的回答或许是不值一笑的。但是，不相信神固然好，可事实一样存在。若回答不出一个别的理由，硬叫别人不相信，也不会令人信服。

这篇就是要离开了神权来说明这个事实。

若要找一个极简单的例子，那最好就是猜钱。

---

[1] 数字中的"1"。
[2] 一种危害革命事业的不良文风。

一个人在桌子上把钱旋转起来，随手按下去，叫你猜那钱的上面是"麻的"还是"秃的"？这种小把戏，一样可赌输赢。

一个钱只有两面，一面麻的和一面秃的。所以任它乱转，结果出现麻的机会和出现秃的机会，同是偶然。在这偶然中若是只希望出现麻的或只希望出现秃的，那么，达到这希望的机会都只有一半。照数学上的说法，就是二分之一。二分之一这个数，在数学上代表转一个钱出现麻的面或秃的面的概率。

一个钱有两面，所以它转动的结果，"可能"出现的不同结果有两个。你指定要麻的面或秃的面，那么就只有一面能给你"成功"。所以概率的基本原理是：

一件事，在机会均等的情况下，"成功数"对于"可能数"的"比"就是它的"概率"。

这个原理，有两点应当注意：第一，就是要在机会均等的情况下。有些人常说，专门放赌的人，他的骰子里面灌有铅，所以赢的一面不容易滚出，这就是机会不均等。严格地说，绝对的机会均等是不存在的。这正如事实上没有真正的圆，没有真正的直线，没有真正的平面一般，但这和我们讨论原理、法则没有关系。

第二，可以说是概率的基本性质，概率总是比1小。若等于1，那就成为必然的了，比如你把一个钱两面都涂成红色，要转出红的面，那必然可以转出来。

除此之外，还有一点也很重要，就是概率，我们按照理论计算出来，要在数目很大的时候才能和事实相近，实验的次数越多，相近的程度也就越大。用一个钱转两三次，转出来的也许全是麻的面，或全是秃的面，但若转到一千次、一万次、十万次，你就可以看出麻的面或秃的面出现的次数，概率渐渐趋向于二分之一。赌场中有句俗话说："久赌必输。"这就是因为成功的概率天生就比 1 小，赌的次数越多，这概率越准。（这只是大概的说法，真要讨论赌业的问题，这还不够。）

成功的概率比 1 小，反过来，失败的概率也比 1 小，但它俩的和却恰好等于 1，这很容易想明白，用不着再说明了。

照转钱的例子来看掷骰子：一颗骰子有 1，2，3，4，5，6 六面，所以掷到碗里"可能"出现的结果有 6 种。若你指定要的是红（4），那么成功的数只是 1，所以它的概率便是 1 对 6 的比，只有 $\frac{1}{6}$；而失败的概率，却是 $\frac{5}{6}$。两者相加等于 $\frac{6}{6}$，恰好是 1。你若老和别人赌红，久赌你当然输。你要想赢也可以，只要你的钱多到用不尽。那么，比如你第一次赌一个钱，你也只想赢个对本，失败了；第二次你就赌两个，再失败；第三次赌四个……总之，把以前输的加上一倍去赌，保证有一天能把钱赢到手。然而，朋友！重点是你首先要有那么多钱，不然别人赢的概率是 $\frac{5}{6}$，你的只是 $\frac{1}{6}$，结果总是要你脱了衣服押在那里的。

譬如我们的骰子是特制的，有一面是 2，两面是 3，三面是 4，那么，掷到碗里可能出现的结果仍然是 6 种，出现 2 的概率便是 $\frac{1}{6}$；出现 3 的，是 $\frac{2}{6}$——$\frac{1}{3}$——出现 4 的是 $\frac{3}{6}$——$\frac{1}{2}$。

再举一个例子：譬如一只口袋里面只装有黑白两种棋子，黑的数目是 p，白的是 q，那么随手摸一颗出来，这颗棋子是黑的，它的概率是 $\frac{p}{p+q}$。反过来它要是白的，这概率便是 $\frac{q}{p+q}$。两个相加恰好是 $\frac{p+q}{p+q}$ 等于 1。

看了这几个例子，关于概率的概念和基本原理大概可以明白了吧！但是仅凭这一点简单的原理，还不能说明我们所提出的问题，在上面的例子中，说到钱只有一个，说到骰子也只讲的是一颗，就是最后的例子，口袋里棋子的数目虽没有什么明确的规定，这只相当于一颗骰子所有的面数，而我们所说到的还只是摸出一颗黑棋子，或一颗白棋子的概率。现在，我们进一步来分析较复杂的例子，比如用两个钱转，要计算出现一个麻和一个秃的概率；又比如把两颗骰子掷到碗里，要计算它出现全红的概率，以及从上面的口袋中连摸两颗棋子若要全是白的，我们来计算它的概率，这都较为复杂了。

暂且将这三个问题丢下，我们先来看另外的一个例题。比如，一只口袋里有红、白、黑、绿四种颜色的棋子，红的 3 颗、白的 5 颗、黑的 6 颗、绿的 8 颗，我们伸手在袋里任意摸出一颗来，出现红的或黑的概率是多少呢？

第一步，我们知道，这只口袋里面所有的棋子总共有：

3+5+6+8=22 颗

所以随手摸一颗可能出现的样子是 22。

在这 22 颗棋子当中只有 3 颗是红的，所以摸一颗红的出来的概率是 $\frac{3}{22}$。

同样的道理，摸一颗黑的出来的概率是 $\frac{6}{22}$ —— $\frac{3}{11}$。

无论出现红的或出现黑的，我们的目的都算达到了，所以我们成功的概率，应当是它们俩各自的概率的和，就是：

$$\frac{3}{22}+\frac{6}{22}=\frac{9}{22}$$

一般来说，比如那口袋里有 A_1，A_2，A_3 …… 种棋子，各种

的数目是 a_1，a_2，a_3……那么，摸一颗棋子出来是 A_1 的概率便是

$$\frac{a_1}{a_1+a_2+a_3+\cdots}，\quad 或是 A_2，A_3 \cdots\cdots 的概率是：\frac{a_2}{a_1+a_2+a_3+\cdots}，$$

$$\frac{a_3}{a_1+a_2+a_3+\cdots}\cdots\cdots若我们所要的是某几种中的一种出现，那么，成功$$

的概率就是这几种各自出现的概率的和。

另举一个例子，比如一只口袋里只有白棋子 5 颗，黑棋子 8 颗，我们连摸两次，若要出现第一颗是白的，第二颗是黑的（假设第一颗摸出后仍然放回去），这个情况成功的概率是多少呢？

这个问题，乍看去好像和前一个没有什么分别，但是仔细一想，完全不同。口袋中的棋子是 5 加 8 总共 13 颗，所以第一次摸出白棋子的概率是 $\frac{5}{13}$，第二次摸出黑棋子的概率是 $\frac{8}{13}$，这都很容易明白。但现在的问题是：我们成功的概率是不是 $\frac{5}{13}$ 和 $\frac{8}{13}$ 的和呢？它们两个的和恰好是 1，前面已经说过，概率总比 1 小，若等于那 1 就成为必然的了。显然，我们的成功不是必然的，由此可见，照前例将这两个概率相加，是谬误。那么，怎样求出我们成功的概率呢？

仔细思考这两个例子，我们成功的条件虽然都是两个，但在这两个例子中，两个条件的关系却大不相同。前一个例子中有两个条件——出现红的，和出现黑的——无论哪个条件成立，我们都成功。换句话说，就是"只需"有一个条件成立就行；在这第二个例子中却"必须"两个条件——第一颗白的，第二颗黑的——都成立。而第一次摸出的是白子，第二次摸出的还不一定是黑子，因此，在第一个条件成功的机会当中还只有一部分是完全成功的机会。按照上例的数字说，第一个条件的成功概率是 $\frac{5}{13}$，而第二个条件的成功的概率是 $\frac{8}{13}$。所以我们完全成功

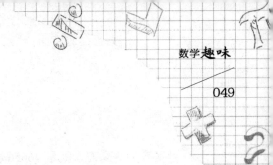

的概率，在 $\frac{5}{13}$ 当中还只有 $\frac{8}{13}$，就是：

$$\frac{5}{13} \, 之 \, \frac{8}{13} = \frac{5}{13} \times \frac{8}{13} = \frac{40}{169}$$

因为这两个例子概率的性质绝然不同，在数学上就给它们各起一个名字，前一种叫"总和的概率"，后一种叫"构成的概率"。前一例是将各个概率相加，后一例是将各个概率相乘。前一例中概率的性质是各个概率只需有一个成功就是成功；后一例中概率的性质是各个概率必须全都成功，才是最后的成功。

事实上，有些时候我们所遇见的问题，两种性质都有，那就得同时将两种方法都用到。假如第二个例子，不是限定要第一次是白的，第二次是黑的，而是只需两次摸出的颜色不同就可以。那么，第一次是白的，第二次是黑的，它的概率是 $\frac{5}{13} \times \frac{8}{13}$；而第一次是黑的，第二次是白的，它的概率是 $\frac{8}{13} \times \frac{5}{13}$。这都属于构成的概率的计算。但无论是先白后黑，或先黑后白，结果都算成功。所以我们成功的概率，就这两种情况说，是属于总合的概率的计算，而我们所求的数是：

$$\frac{5}{13} \times \frac{8}{13} + \frac{8}{13} \times \frac{5}{13} = \frac{40}{169} + \frac{40}{169} = \frac{80}{169}$$

概率的计算是极有趣味而又最需要谨慎的，对于题目上的条件不能掉以轻心，但这里不是专门讲它，所以我们就回到开始的问题上去吧！

第一，六颗骰子掷到碗里，滚来滚去，究竟会出现多少花头呢？关于这个问题，先得假定一个前提，就是我们能够将六颗骰子辨别得清楚。照平常的情形，只要掷出一颗红，就是秀才，无论这颗红是六颗骰子当中的哪一颗滚出来的，这样，情况就简单了。

依了刚才的前提，照排列法计算，我们总共可以掷出的花头，应当是 6 的 6 乘方，就是 46656 种；但若六颗骰子完全一样，不能分辨出来，那就只有 7776 种了（$6^6 \div 6$）。

在这 46656 种花头当中，出现一颗么的概率有多少呢？我们既假定了六颗骰子是可以辨得清楚的，那么不妨先从某一个骰子出现么的概率来讨论，因为我们只要一颗么，所以除了这一颗指定要它出现么以外，其他骰子都必须滚出另外的五面来才算成功。换句话说，就是其余的五颗骰子必须不出现么。照概率的基本原理，指定的骰子出现么的概率是 $\dfrac{1}{6}$，其他五颗骰子不出现么的概率每个都是 $\dfrac{5}{6}$。又因为最后成功需要这些条件都同时满足才行，所以这应当是构成的概率的计算法，它的概率便是：

$$\frac{1}{6} \times \frac{5}{6} \times \frac{5}{6} \times \frac{5}{6} \times \frac{5}{6} \times \frac{5}{6} = \frac{3125}{46656}$$

但是，无论六颗骰子当中的哪一颗滚出么来，都符合我们的要求，所以我们所求的概率，应当是这六颗骰子每一个出现么的概率和总和。那就等于 6 个 46656 分之 3125 相加，即是：

$$\frac{3125}{46656} \times 6 = \frac{3125}{7776}$$

我们一看这数字差不多接近二分之一，所以这概率算是比较大的。这不足为奇，事实上我们掷六颗骰子到碗里，常看见有么。

依照这个计算法，我们可以掷出两个么来的概率是：

$$\left(\frac{1}{6} \times \frac{1}{6} \times \frac{5}{6} \times \frac{5}{6} \times \frac{5}{6} \times \frac{5}{6} \right) \times 6 = \frac{625}{7776}$$

照推下去，可以掷出 3，4，5，6 个么的概率是：

$$\left(\frac{1}{6} \times \frac{1}{6} \times \frac{1}{6} \times \frac{5}{6} \times \frac{5}{6} \times \frac{5}{6} \right) \times 6 = \frac{125}{7776}$$

$$\left(\frac{1}{6} \times \frac{1}{6} \times \frac{1}{6} \times \frac{1}{6} \times \frac{5}{6} \times \frac{5}{6} \right) \times 6 = \frac{25}{7776}$$

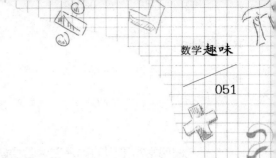

$$\left(\frac{1}{6}\times\frac{1}{6}\times\frac{1}{6}\times\frac{1}{6}\times\frac{1}{6}\times\frac{5}{6}\right)\times6=\frac{5}{7776}$$

$$\frac{1}{6}\times\frac{1}{6}\times\frac{1}{6}\times\frac{1}{6}\times\frac{1}{6}\times\frac{1}{6}=\frac{1}{46656}$$（注意这里不用 6 去乘了）

将这六个概率作比较，可以清楚地看出来，概率依次减小，后一个总只有前一个的 $\frac{1}{5}$，而出现六颗幺的概率比出现五颗幺的只有 $\frac{1}{30}$，比出现一颗幺的不过 $\frac{13}{18750}$。所以事实上六颗骰子掷到碗里滚出全色的幺来的情况是极少有的。

在理论上，一颗骰子出现 1，2，3，4，5，6 的机会是均等的，所以出现一颗红的概率也是 $\frac{3125}{7776}$，并不比出现一颗幺难。同样的理由，出现五颗 6 或五颗红的概率也和出现五颗幺的一样，仍是 $\frac{5}{7776}$，而出现全 6 或全红的概率也只有 $\frac{1}{46656}$。

这就可以再进一步来分析"恨点不到头"和"火烧梅花"的概率了。它不但要五颗出现 6 或红，而且还要剩下的一颗出现的是 5。照通常的道理来看，这第二个条件的概率当然是 $\frac{1}{6}$。但在这里却有一点要注意，$\frac{1}{6}$ 这个概率是由一颗骰子有六面来的。然而就第一个条件讲，已经限定是五颗 6 或红，这颗就绝不能再是 6 或红。因此六面中得有一面需先排除掉，只有五面是符合条件的，所以第二个条件的概率应当是 $\frac{1}{5}$，而那两个名堂各自出现的概率便是：

$$\frac{5}{7776}\times\frac{1}{5}=\frac{1}{7776}$$

从这计算的结果，我们可以知道全色比五子出现的概率小，我们觉得它难出现，这很合理。至于把红看得比幺高贵些，只是一种人为的主观看法，并不是它比幺难出现，到此我们的问题就算解决了。

也许，还有人不满足，因为我们所得出的只是客观的理论，和主观的经验好像不大一致。我们将骰子掷到碗里时，满心不愿意幺出现，而偏偏常常见到的都是它。若要解释这疑团倒很容易，你只需去做几次试验，把规则改过来，出现一颗么得一个秀才，出现两颗么得一个举人。你就可以发现，红又会比么容易出现了，这是不是因为骰子也和我们人一样有意志，而且习惯为难我们呢？

说骰子也有意志，而且还习惯为难我们，这似乎太玄妙了，比有鬼神在赌场上做主宰还更玄妙些。那么，只好说是我们的经验错了！

经验怎么会错呢？其实说它没有错，也不是不可以，这个经验纯属主观的罢了。我们一进赌场，哪怕是逢场作戏，并非真赌什么输赢，但我们总想比别人都得意。因此，我们的注意力当然只集中到红上面去，它一出现就使我们感到欣喜。我们并不希望么出现，所以在我们心里，对它的感情恰好相反，因为厌恶它，"仇人相见分外眼明"，就觉得它容易出现。

归结起来，我们的经验是基于情感的。倘若我们能够耐下心来，把各个点数每次出现的次数都记下来，一直记到几百千万次，再将它们统计一下，这才是纯理性的、客观的。这个经验一定和我们平常所得到的大相悬殊，而和我们通过计算得到的结果相近。所以科学的方法第一步是观察和实验，要想结果可靠，观察者和实验者的头脑必须保持冷静。若要只根据客观的事实记录，毫不掺杂一点儿主观的情感或偏见，这是极难的。许多大科学家，也常常因为自己的情感和偏见耽误他们的事业！

在我们的日常生活中，又不能真正做到冷静地过日子，每次遇见一件事都先看明白，打算清楚，再按部就班地去做。季文子要三思而后行，孔老先生已觉得他太过分了，只说再思就可以。由此可见，我们的生活靠理性的成分少，靠直觉和情感的时候多。我们如此生活下来，不知不觉中已养成容易动感情和不能排除偏见的习惯，一旦踏进科学的领域，怎么能不失败呢？

像掷骰子这类玩意儿，我们还可以借数字将它的变化计算出来，使我们得到一个明确的认识。但遇上别的现象，由于它本身的复杂性，以及数学和其他的科学还并没有达到充分进步的境界，我们就没法去得到明确的认识。因而在研究的时候，要除去情感和偏见就更不容易了。

类似于玩骰子的事，我们要举起例来，真是俯拾即是，不胜枚举，这里再来随便说几个，以证明我们的日常生活是多么不理性。

比如你家里有人生了病，你正焦急万分，有一位朋友好心来看望你，他给你介绍医生，他给你说单方。你听他满口说出的都是那医生医好了人的例子和那单方的神奇药效。然而你信了他的话，你也许不免要倒一次大霉。你将讨厌他吗？他是好心，他和你说的也都不是欺骗的话，只怪你不会问他那医生，会有多少人上过那单方的当！其实，若你真的去问他，或许他也回答不上来，他不是有意来骗你，只是他不会注意到。

又比如前几年，上海彩票很风行的时候，你听那些买彩票的人，他们口里所讲的都是哪一个穷困的书生东拼西凑地花钱买了一张，就中了头彩。不然就是某个人也得了大奖，但你绝不会听到他们说出一个因买彩票而倒霉的人来。他们当真一点儿不知道吗？不是的，也许他们自己就连买了好几次不曾中过，但是这种事实不利于他们，所以主观上不高兴留意，也就不容易想起来。即使想起来了，他们总还想着即将到来的一次会和以前不一样。

的确，在我们的日常生活中，我们喜欢保留在记忆里的，总是有利于我们的事实。因为这样，我们永远就只会打如意算盘。会有例外吗？那就是经过不知多少次失败的人，简直丧了胆，他的记忆里，又总是失败的事实了。然而无论哪一种人，相同的都只是偏见。

我们的生活是否应当完全受冷静的、理性的支配？即使应当，究竟有没有实现的可能？这都是另外的问题，姑且存而不论。只是现在已经有许多人都觉得科学重要，竭力地在鼓吹着，那么掌握科学的方法当然是根本的问题。别人的科学发达，并不是从地上捡来的，也没有什么神奇之术，不过是他们能够应用科学方法客观地去整理每天呈现在他们眼前的事象而已。

要想整理事象，第一步就必须先将那事象看得明了、透彻。偏见和感情好比一副着色的眼镜，这副眼镜架在鼻梁上面，两眼就没法把外面的真实色相看得清楚。踏进科学的领域的第一步，是观察和实验。所以在开始观察和实验之前，必须得先从鼻梁上将那副着色的眼镜扯下来。这自然不是一件容易的事，但既然需要它，不容易也得干！

观察和实验说来很简单，只要去看、去实验就好了，但真能做得好，简直可以说已踏到了科学领域的一半。即使我们真能尽量地撇开主观的成见和情感，有时因为所观察和所实验的范围太窄了，也一样得不出普遍的、近于真实的结果。容我再来跑一次野马说一段笑话吧！

从前，有一户人家小少爷生了病，要去请医生，因为他们家的丫头的眼睛能够看得见冤鬼，主人便差了她出去。临出门时，嘱咐她看见那医生的后面跟着的冤鬼最少的，便请来。她到街上走来走去果然看见了一位背后只跟着一个冤鬼的医生，便请了回家，并且将她看见的情形背着医生告诉了主人。主人非常高兴，对那位医生毕恭毕敬，和医生谈了不少的话，最终问他行了几年医，他的回答是："今天上午刚开始，只医过一个人。"

朋友！这笑话有趣吗？我们研究科学的时候，最痛苦的是没有可以看清"冤鬼"的眼睛，但即使有，就不会犯错吗？

写这篇的初衷，原不过是想说明在日常生活中，我们容易被眼前的事实蒙蔽，将真实的事象掩盖。为叙述方便，就借了掷骰子来举例。写到这里觉得这有个大缺点，就是前面说的，都不是观察和实验的结果，只是一种原理的演绎。倘使真有人肯将六个骰子丢在碗里掷，掷过几十万次，将每次的情形都记录下来，那么在研究上，那个材料会比这单从理论推演而来的更有意义些。

自然，我不是说前面的推论还有什么可怀疑的地方，必须要有观察和实验的结果来客串镖师！倘若我们真要开始研究别的问题的时候，最好还是先从观察和实验的工夫做起。依靠现成的理论来演绎，一不小心，我们所依靠的理论，就会先统治我们，成为我们的着色的眼镜，不是吗？在科学的研究中，归纳法比演绎法更重要啊！

至于什么是归纳法，下次再谈吧！

六

堆罗汉

堆罗汉这种游戏，在学校中很常见，这里不用再作说明，只不过举它做个例：从最下排起数上去，每排依次少一个人，直到顶上只有一个人为止。像这类依序相差同样的数的一群数，在数学上我们叫它们是等差级数。关于等差级数的计算，其实并不难懂，小学的数学课本里面也都有提及，所以这里也将它放在一边，只讲从 1 起到某一数为止的若干个连续整数的和，用式子表示出来，就是：

（1）$1+2+3+4+5+6+7+\cdots$

和这个性质相类似的，还有从 1 起到某数为止的各整数的平方和、立方和，就是：

（2）$1^2+2^2+3^2+4^2+5^2+6^2+7^2+\cdots$

（3）$1^3+2^3+3^3+4^3+5^3+6^3+7^3+\cdots$

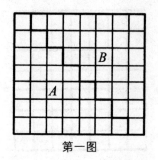

第一图

从第一图看去，这个长方形由 A，B 两部分组成，而 B 恰好是 A 的倒置，所以：

若 A=1+2+3+4+5+6+7

则 B=7+6+5+4+3+2+1

A，B 的总和是相同的，各等于整个矩形的面积的一半。至于这个矩形的面积，只要将它的长和宽相乘就可得出了，它的长是 7，宽是 7+1，因此面积便是：

$7 \times (7+1) = 7 \times 8 = 56$

而 A 的总和正是这 56 的 $\frac{1}{2}$，由此我们就得出一个式子：

$$1+2+3+4+5+6+7 = \frac{7 \times (7+1)}{2} = \frac{7 \times 8}{2} = 28$$

这个式子推到一般的情形去，就变成了：

$$1+2+3+4+\cdots+n = \frac{n(n+1)}{2}$$

对于第二、第三个例子，我们也可以用图形来研究它们的结果，不过比较复杂，但也更有趣味，下面还是分开来讨论吧。

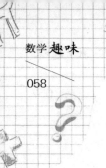

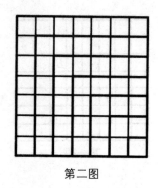

第二图

观察第二图，我们注意小方块的数目和大方块的关系，很明白地可以看出来：

$1^2=1$

$2^2=1+3$

$3^2=1+3+5$

$4^2=1+3+5+7$

……

$7^2=1+3+5+7+9+11+13$

若用文字来说明，就是 2 的平方恰好等于从 1 起的 2 个连续奇数的和；3 的平方恰好等于从 1 起的 3 个连续奇数的和，一直推下去，7 的平方就等于从 1 起的 7 个连续奇数的和。所以若要求从 1 到 7 的 7 个数的平方和，只需将上列七个式子的右边相加就可以了。虽然这个法子没有什么不合理的地方，但它毕竟不简便，而且从中要找出一般的式子也不容易，因此我们得另找一条路。

试将各式的右边表示的和，照堆罗汉的形式堆起来，我们就得出第三图的形式：（为了简便，只用 1，2，3，4 四个数。）

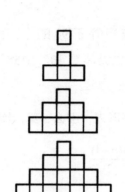

第三图

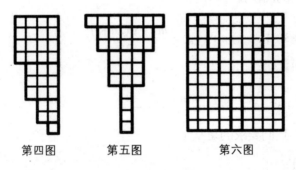

第四图　　　　第五图　　　　第六图

观察上面几个图，可以得出这样的结果，$1^2+2^2+3^2+4^2$ 这个总和当中有 4 个 1，3 个 3，2 个 5，1 个 7。所以我们要求的总和，依前一个形式可以排成第四图，依后一个形式可以排成第五图。对比发现若将第四图倒置，拼到第五图，那么右边就没有缺口了；若将第四图不但倒置而且还翻一个身，拼到第五图，那么，左边也就补齐了。所以用两个第四图和一个第五图刚好能够拼成第六图那样的一个矩形。由它，我们就可知道所求的和正是它的面积的 $\frac{1}{3}$。

至于这个矩形：它的长是 $1+2+3+4=\frac{4\times(4+1)}{2}=10$，宽却是 $4+1+4=9$。因此，它的面积应当是 $10\times9=90$，而我们所要求

的 $1^2+2^2+3^2+4^2$ 的总和应当等于 90 的 $\frac{1}{3}$，即 30。按照实际去计算 $1^2+2^2+3^2+4^2=1+4+9+16$，也仍然是 30。由此可知，这个观察没有一丝错误。

若要推广到一般的情形去，那么，第六图这个矩形的长是：

$$1+2+3+4+\cdots+n = \frac{n(n+1)}{2}$$

它的宽是：

$$n+1+n=2n+1$$

所以它的面积就应当是：

$$(1+2+3+4\cdots+n)(n+1+n) = \frac{n(n+1)(2n+1)}{2}$$

这就可证明：

$$1^2+2^2+3^2+4^2+\cdots n^2 = \frac{n(n+1)(2n+1)}{6}$$

比如，我们要求的是从 1 到 10 十个整数的平方和，n 就等于 10，这个和便是：

$$\frac{10\times(10+1)\times(2\times10+1)}{6} = \frac{10\times11\times21}{6} = 385$$

说到第三个例子，因为是数的立方的关系，照通常的想法，只能用立体图形来表示，但若将乘法的意义加以运用，用平面图形来表示一个立方，也不是完全不可能。先从 2^3 说起，照原来的意思本是 3 个 2 相乘，若用式子表示，那就是 $2\times2\times2$。这个式子我们也可以想象成（2×2）$\times2$，这就可以认为它所表示的是 2 个 2 的平方的意思，由此可以画成第七图的 A，再将其形式稍作变化，可得到第七图的 B。

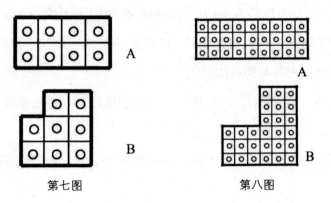

第七图　　　　　　　　　第八图

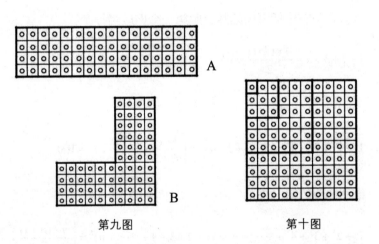

第九图　　　　　　　　　第十图

同样地，3^3 可以用第八图的 A 或 B 表示，4^3 可以用第九图的 A 或 B 表示。

仔细观察一下第七、八、九图的 B，我们得出下面的关系：

第七图的 B 的缺口恰好是 1^2，但 1^3 和 1^2，我们用同一形式表示，在意义上没有很大的差别，所以可以认为 1^3 刚好可以填 2^3 的缺口。

第八图 B 的缺口，每边都是 3，对比第七图的 B，可知 1^3 和 2^3 一起，又正好可将它填满。

　　最后，第九图的 B 的缺口每边都是 6，对比第八图的 B 可知 1^3，2^3 和 3^3 并在一起，可以将它填好。按照这个填法，我们便得第十图，它 恰巧是 $1^3+2^3+3^3+4^3$ 的总和。

　　从另一方面来说，第十图只是一个正方形，每边的长都等于：

1+2+3+4

　　所以它的面积应当是（1+2+3+4）的平方，因此我们就证明了下面 的式子：

$1^3+2^3+3^3+4^3=$（$1+2+3+4$）^{2}

　　但这式子右边括弧里的数，照第一个例应当等于：

$$1+2+3+4=\frac{4\times(4+1)}{2}=10$$

　　因此：

$$1^3+2^3+3^3+4^3=(1+2+3+4)^2=\left[\frac{4\times(4+1)}{2}\right]^2=10^2=100$$

　　推到一般的情形去：

$$1^3+2^3+3^3+4^3+\cdots+n^3=(1+2+3+4+\cdots+n)^2=\left[\frac{n\times(n+1)}{2}\right]^2$$

　　上面的三个例子，我们都只凭借对几个很小的数字的观察，便推到 一般的情形去，而得出一个含有 n 的公式，其中 n 代表任何整数。这个 推证究竟可不可靠呢？换句话说，就是我们的推证有没有其他根据呢？ 按照实际的情形说，我们已得出的三个公式都是对的。但它结果是否正 确是一个问题，我们的推证法可不可靠又是一个问题。

　　我来另举一个例子，比如 11，它的平方是 121，立方是 1331，四次方 14641。从这几个数，我们可以看出三个规律：第一，这些数排列起来，对于中点说，都是对称的；第二，第一位和末一位都是 1；第三，第二位和倒数第二位都等于乘方的次数。依这个观察的结果，我们可不可以说 11 的 n 次方便是 $1n\cdots\cdots n1$ 呢？要下这个判断，我们无妨再举出一个次数比 4 还高的乘方来看，最简便的自然就是 5。11 的 5 次方，照实际计算的结果是 161051。对比上面的三个条件，只有第二个还存在，若再乘到 8 次方，结果是 214358881，就连第二个条件也不存在了。

由这个例子，可以看出来，单由几个很小的数的变化观察得出的结果，便推到一般去，不一定可靠。由这个理由，我们就不得不怀疑我们前面所得出的三个公式。倘使没有别的方法去证明，在那三个例中是有特殊的情形可以用那样的推证法，那么，我们宁愿去找另外一条路来解决。

是的，确实应该对前面所得出的三个公式产生怀疑，但我们也并非毫无根据。第一个式子最少到 7 是对的，第二、第三个式子最少到 4 也是对的。我们若耐心地接着试验下去，可以发现，即使到 8，到 9，到 100，乃至到 1000 都是对的。但用这种方法试验，一来未免笨拙，二来无论试验到什么数，我们总是一样地不能保证那公式便有了一般性，为此我们只得舍去了这种逐步试验的方法。

我们虽怀疑上述公式的一般性，但不妨"假定"它的形式是对的，再来加以检查，为了方便，容我在此重写一次：

（一）$1+2+3+\cdots+n=\dfrac{n(n+1)}{2}$

（二）$1^2 + 2^2 + 3^2 + 4^2 + \cdots + n^2 = \dfrac{n(n+1)(2n+1)}{6}$

（三）$1^3 + 2^3 + 3^3 + \cdots + n^3 = \left[\dfrac{n(n+1)}{2}\right]^2$

在这三个式子中，我们说 n 代表一个整数，那么 n 后面的一个整数就应当是 $n+1$。假定这三个式子是对的，我们试来看看，当 n 变成 $n+1$ 的时候是不是还可以适用，这自然只是依照式子的"形式"去考查，但这种考查我们不用怀疑。在某种意义上，数学便是符号的科学，也就是形式的科学。

所谓 n 变到 $n+1$，无异于说，在各式的两边都加上一个含 $n+1$ 的项，照下面的程序计算：

（一）$1 + 2 + 3 + \cdots + n + (n+1) = \dfrac{n(n+1)}{2} + (n+1)$

$$= \dfrac{n(n+1) + 2(n+1)}{2}$$

$$= \dfrac{(n+1)(n+2)}{2}$$

$$= \dfrac{(n+1)(\overline{n+1}+1)}{2}$$

（二）$1^2 + 2^2 + 3^2 + \cdots + n^2 + (n+1)^2 = \dfrac{n(n+1)(2n+1)}{6} + (n+1)^2$

$$= \dfrac{n(n+1)(2n+1) + 6(n+1)^2}{6}$$

$$= \dfrac{(n+1)(n+2)(2n+3)}{6}$$

$$= \dfrac{(n+1)(\overline{n+1}+1)(2\overline{n+1}+1)}{6}$$

（三）$1^3 + 2^3 + 3^3 + \cdots + n^3 + (n+1)^3 = \left[\dfrac{n(n+1)}{2}\right]^2 + (n+1)^3$

$$= \dfrac{n^2(n+1)^2}{4} + (n+1)^3$$

$$= \dfrac{n^2(n+1)^2 + 4(n+1)^3}{4}$$

$$= \dfrac{(n+1)^2(n^2+4n+4)}{4}$$

$$= \dfrac{(n+1)^2(n+2)^2}{4}$$

$$= \dfrac{(n+1)^2(\overline{n+1}+1)^2}{4}$$

$$= \left[\dfrac{(n+1)\,(\overline{n+1}+1)}{2}\right]^2$$

从这三个式子的最终结果去看，和我们所假定的式子，除了 n 变为 $n+1$ 以外，形式完全相同。因此，我们得出一个极重要的结论：

"倘使我们的式子对于某一个整数，例如 n 是对的，那么对于这个整数的下一个整数，例如（$n+1$），也是对的。"

事实上，我们已经观察出来了，这三个式子至少对于 4 都是对的。运用这个结论，我们无须再试验，也就有理由可以断定它们对于 5（即 4+1）都是对的。既然对于 5 对了，那么同一理由，对于 6（即 5+1）也是对的，再推下去对于 7（即 6+1），8（即 7+1），9（即 8+1）……都是对的。

到了这里，我们就有理由承认这三个式子的一般性，再不用质疑了。

这种证明法，我们在数学上叫它归纳法。

数学上常用的多是演绎法，这是学过数学的人都知道的。关于堆罗汉这类级数的公式，算术上的证明法，也就是演绎的，为了便于比较，也将它写出。本来：

$S=1+2+3+\cdots+(n-2)+(n-1)+n$

若将这式子右边各项的顺序颠倒，就得到：

$S=n+(n-1)+(n-2)+\cdots+3+2+1$

再将两式相加，便得出下面的式子：

$2S=(1+n)+[2+(n-1)]+[3+(n-2)]+\cdots[(n-2)+3]+[(n-1)+2]+(n+1)$

$=(n+1)+(n+1)+(n+1)+\cdots+(n+1)+(n+1)+(n+1)$

$=n(n+1)$

两边再用 2 去除，于是：

$$S=\frac{n(n+1)}{2}$$

这个式子和前面所得出来的完全一样，所以一点儿用不着怀疑，不过对于我们所用的方法的可靠性仍值得注意。

一般说来，演绎法不大稳妥，因为它的基础是建立在一些更普遍的法则上面，倘使这些被它所凭借的、更普遍的法则当中，有几个或一个根本就不大稳固，那不是将有全盘动摇的危险吗？比如在刚才的证明中，第一步，将式子左边各项的顺序调换，这是根据一个更普遍的法则叫作什么"交换定则"的。然而交换定则在一般情形固然可以运用无误，但在特殊的情形时，并非毫无问题。所以假如我们刨根问底的话，这个证明法可以适用交换定则，也得另有根据。至于证明的第二、第三步，都是依据了数学上的公理，公理虽然没有什么证明做保障，但不必怀疑，这可不必管它。

归纳法既然比演绎法来得可靠，我们无妨再来探究一下。前面我们所用过的步骤，归纳起来有四个：

（一）根据少数的数目来观察出一个共通的形式。

（二）将这形式推到一般情形去，"假定"它是对的。

（三）校勘这假定的形式，是否再能往前推去。

（四）如果校勘的结果是肯定的，那么我们的假定就可认为合于事实了。

前面我们曾经说过：

$1^2=1$

$2^2=1+3$

$3^2=1+3+5$

$4^2=1+3+5+7$

由这几个式子我们知道：

$1=1^2$

$1+3=2^2$

$1+3+5=3^2$

$1+3+5+7=4^2$

观察这四个式子，可以得出一个共通形式，就是：左边是从 1 起的连续奇数的和，右边是这个和所含奇数的"个数"的平方。

将这形式推到一般去，假定它是对的，那就得出：

$1+3+5+\cdots+(2n-1)=n^2$

到了这一步，我们就要来校勘一下，这形式再往后推一个奇数究竟对不对，我们在式子的两边同时加上（2n-1）下面的一个奇数（2n+1），于是：

1+3+5+⋯+（2n-1）+（2n+1）

$=n^2+$（2n+1）$=n^2+2n+1=$（n+1）^{2}

从这结果可知，我们的假定如果对于 n 是对的，那么对于（n+1）也是对的。据此可知，假设 n 等于 1，2，3，4 的时候都是对的，所以对于 5，对于 6，对于 7，8，9……一步一步地往下推都是对的，所以可认为我们的假定合于事实。

将数学的归纳法和一般的归纳法相比较，这是一个很有趣的问题。大体来说，这两种方法并没有什么本质区别。我们无妨说数学的归纳法是一般的归纳法的一种特殊形式，试从我们所截取的步骤来比较一下。

第一步，在这两种方法中，都离不开观察和实验，而观察和实验的对象也都同是一些特殊的事实。在我们前面所举的例子当中，似乎只用到观察，并没有经过什么实验。实际上，我们所研究的对象，有些固然是无法去实验，只能凭观察去探究。不过这是另外一个问题。若单从步骤上说，我们所举的例子的第一步当中，也不是完全没有实验的意味。比如最后一个例子，我们从 $1=1^2$ 这个式子中发现不出什么意义，于是只好去看第二个式子 $1+3=2^2$，就这个式子说，我们能够得出许多假定来。比如前面所用过的，说右边要乘方的 2 就是表示左边的项数，这自然是其中的一个。但我们也可以说，那指数 2 才是表示左边的项数。我们又可以说，右边要乘方的 2 是左边的末一项减去 1。像这类的假定可以找出不少，至于这些假定当中哪一个接近真实，那就不得不用别的方法来证明。到了这一步，我们无妨用各个假设到第三、第四个式子去试验一下，结果，便可看出，只有我们所用过的那一个是合于实际的。一般的归纳法，最初也是这样入手，将我们所要研究的对象尽量收集起来，仔细地去观察，遇到必要且可能的时候，小心地去实验。由这一步，我们就可以看出一些共同的现象来。

至于这些现象，由何产生，会得出什么结果，或是它们当中有什么关联，这，我们往往可以提出若干假设来，正和我们上一篇所说的相同，在这些假设当中，自然免不了有一部分是根基极不稳固的，只要凭一些仔细的观察或实验就可推翻的。对于这些，自然在这第一步我们就可以将它们排除了。

第二步，数学的归纳法，是将我们所观察得到的形式推到一般情形去，假定它是真实的。至于一般的归纳法，因为它所研究的并不一定只是一个形式的问题，所以推到一般去的话唯以照样应用。虽是这样，本质却没有什么不同，我们就是将自己观察和实验的结果综合起来，提出一些较普遍的推论。

有了这推论，进一步自然是要校勘它们，在数学的归纳法上，如前面所说过的，比较简单，只需将所假定的一般的式子当中的 n 推到 $n+1$ 就够了。若在一般的归纳法中，却没有这种便宜可讨。到了这一步，我们得利用演绎法，把我们的假定当作大前提条件，臆测它们对于某种特殊的事象应当产生什么结果。

这结果究竟会不会有呢？这又得靠观察和实验来证明了。经过若干的观察或实验，假如都证明了我们的臆测是分毫不差的，那么，我们的假定就有了保障，成为一个定理或定律。许多大科学家简直像个大预言家，往往能令我们心生敬佩，就是因为他们的假定的基础很稳固，所以臆测的结果也能符合事实的缘故。

在这里，有一点必须补充说明，若我们提出的假设不止一个，那么根据各个假设都可得出一些臆测的结果来，在没有其他事实来证明的时候，它们彼此之间绝没有什么价值的优劣高低。但到了事实出来做最后的"证人"时，自然"最多"只有一个假定的臆测可以"胜诉"。换句话说，也"最多"就只有一个假设是对的了。为什么我们还要说"最多"只有一个呢？因为，有些时候，我们所提出的假设也许没有一个是正确的。

一般的归纳法，应用起来虽不容易，但原理却不过如此。我们经过了上面所说的步骤，结果都很好，自然我们就可得出一些定理或定律来。不过有一点必须注意：在一切过程中，无论我们多么小心谨慎，毕竟我们的能力有限，所能探究的领域终不是全体，因此被我们证明为对的假设，即使当成定理或定律来应用，我们还应谦虚谨慎，应当常常想到，也许有新的，我们以前所不曾注意到的现象出来否定它。我们应当承认：

"科学只能诊断事实，不能否定事实。"

这句话是什么意思呢？

科学本来只是从事实中去寻出法则来，若有了一个法则，遇见和它抵触的事实，便断然将这事实否定，这只是自己欺骗自己。因为事实的存在，并不是能由我们空口白话地否认，便消失不在的。

我还是举个例子来说，从这个例子当中，可以看出我们常有的两种态度都不大合理。

一年多以前就听说我们中国中西医的斗争很激烈，这自然是一个极好的现象！从这斗争中，我相信医学界总会产生出一些新的东西来。现在的结果如何，我不曾听见，不敢臆断，好在和我此处要说的话无关，丢开也无妨。我提到这个问题，只是要说明两种态度——对于中医的两种比较合理的态度。

一种是拥护派，他们所根据的是事实，毕竟中医已有了几千年的历史，医治好了不少病人，这是无可否认的。虚心而有经验的医生，对于某几种病症，也确实有把握，能够着手成春。

一种是反对派，他们所根据的是科学上的原理或法则，无论中医医术有什么奇效，都没有科学根据，即使有奇效，也只认为是偶然。至于一般中医的五行生克的说法，尤其玄妙，不客气地说，简直是荒唐。

依照前一种人的看法，中医当然应当存在；依照后一种人的看法，它就该被打倒。平心而论，各有各的理由，不全是也不全非。多少免不了一些情感掺杂在里面。若容许我说，那么，中医有它可以存留的部分，不过必须另外打个基础；同时它也有应当被打倒的部分，但并非全盘推翻。然而，这并不是根据什么中庸之道得出的结论。

既然中医有一部分成功的案例，我们就应当根据科学上的原理或法则去整理它们，找出合理的说明。比如说某种汤头针对某种病症是有特效的，我们已从西医知道该项病症发生的原因和要医治它所必需的条件，那么，我们正可以分析一下那汤头合于这个条件的理由。这样，自然就有合理的说明可以得出一个稳固的基础了。拥护的人固然应当这样，才真正能达到目的，就是要推翻的人也应当这样判断才不是武断、专制！

事实和理论不合，可以说有两个原因：一是我们所见到的事实，并非是真的事实。换句话说，就是我们对于那事实的一切认识未必有科学的依据。譬如，画一碗符水给患疟疾的人喝到肚里，那病就好了。我也曾经试做过这事，真有有效的时候，但我宁可相信，符水和疟疾的治疗风马牛不相及，只不过这两个事实偶然碰在一起，我们被它蒙混着罢了。真的，我从前给别人画过符水，说来就可笑，我根本就不知道应当怎么画！

还有一个原因，便是科学上的原理或法则本身有缺陷，比如对于某种病，西医用的是一种药，而中医用的是汤头，两者分析的结果全不相关，那么这种病或许有两种治疗法，并非中医的就不对，因为已经有了对症治好的事实，这无可否认。

所谓科学诊断事实，由这个例子大致就可以说明白：第一，要先诊断事实的真伪；第二，倘使诊断出它是真实的了，下一步就要找出合理的解释。所以科学的精神，最根本的是不武断、不盲从！我们常常听人家说，某人平时批评起别人来都很有道理，但事情一到他手里就处理得一样糟。这确实也是一个事实！对于这个事实，有些人就聪明地这样解释：学理是学理，事实是事实。从这解释当中还衍生出一个可笑的说法，那就是"书呆子"，这个名词含有不少的轻蔑意味。其实凭空虚造的学理，哪里冒充得来真的学理？而真的学理，哪儿有不能应用到事实上去的理由呢？

话说得有些远了，归结一句，科学的态度是要虚心地去用科学的方法。

七

八仙过海

　　"八仙过海"只是一个玩意儿，平时我们只能在游戏场中碰到它，在学校里的教科书上是没有的。老实说，平常研究这些玩意儿的朋友还多是目不识丁的中下阶级的分子。然而，这些朋友专门喜欢找学生寻开心，他们会使得你感到惊奇和莫名其妙，最后给你一个冷嘲："学校里念书的人这都不知道！"原来在我们中国一般人的心里都有个传统的思想，"一物不知，儒者之耻"，读书人便是儒者，所以不但应当知人之所不知，还应当知人之所知，不然就应当感到惭愧。传统思想自然只是传统思想，其实又有谁真能做到事事都知呢？话虽如此，有些小玩意儿却似乎应当知道，全都推脱，终不是一回事。"八仙过海"便是一个例子。只要肯琢磨的朋友，我相信花费一两个小时的时间就可以将这玩意儿的玄机参透。

但是为了这一点小玩意儿，便要费去一两个小时去思索，人们一天到晚所碰到的小玩意儿不知有多少，若都要思索，哪儿还有工夫读书、听讲？而且单是这般地思索，最好的结果也不过是成为一个小玩意儿的思想家，究竟登不上大雅之堂。这样一想，好像犯不上去思索了。那么为什么不将它也搬进教科书里去呢？我们读的教科书是彻头彻尾的洋货，若我们不自己搬进去，谁还来替我们搬不成？朋友，把我们的货色搬到他们的架子上去，这是要紧的工作。在这里，请容我再说几句闲话。我说的是把我们的货色搬到他们的架子上去，你切不可误会，以为我是劝你将他们的货色搬到我们的架子上来。我们有的是铁和铜，用它们照样造火车、造发动机，这叫将我们的货色搬到他们的架子上去；他们有的是上帝和耶稣，用它们照样和城隍财神一般地敬奉，这叫将他们的货色搬到我们的架子上来。朋友，架子是他们的好，这用不着赌气，货色却不分什么中外，都出自地壳。这虽只说到一个比方，但在我们读书的时候，它的根本含义却很重要。不过说来话长，别的时候再详谈吧。好在我要谈"八仙过海"，也就是搬我们的货色到他们的架子上的一个例子，你若觉得还有意思，那就有点儿头绪了。

　　我不知道"八仙过海"这类的玩意儿你碰到过没有，为了讨论起来方便，还是先将它说明一番。

　　一个人将八个钱分上下两排排在桌上，叫你看准一个，记在心头。他将钱收起，重新排列，仍是上下两排，又叫你看定你前次认准的那一个在哪一排，将它记住。他再将钱收起，又重新排成两排，这回他叫你看，并且叫你告诉他你所看准的那一个钱在这三次位置中的上下。比如你向他说"上下下"，他就将下一排的第二个指给你，果然就是你看定的那个。你虽觉得有点儿奇异，想抵赖，可是你的脸色却出卖了你。这个玩意儿就是"八仙过海"。这人为什么会有这样的本领呢？你会疑心他是偶然猜中的，然而再来一次、两次、三次，他都不会失败，这就不是偶然了。然后你就会疑心他每次都在注意你的眼睛，但是我告诉你，他哪儿有这么大的本领，只瞥了你一眼，就会看准了你所认定的那个钱？你又以为他能隔着皮肉看透你心里的想法，但是除了这一件玩意儿，别的为什么他又看不透呢？

这玩意儿的玄机究竟在哪里呢？朋友，你既然喜欢和数学亲近，大概总想受点儿科学的启发的，那么，我告诉你，宇宙间没有什么是神妙的，假如真有的话，我想便是"一个人有了脑筋本是会想的，偏不肯去想，但是你若要将他的脑袋割去，他又非常不愿意"这一件事实了。不是吗？既不愿使用它，何必留它在脖子上？"八仙过海"不过是人想出来的玩意儿，何必像见鬼神一样对它表示惊奇呢？你若不相信，我就把玩法告诉你。

这玩法有两种：一种姑且说是非科学的，还有一种是科学的。前一种比较容易，但也容易被人看破，似乎未免寒碜；后一种却较"神秘"些。

D C B A 上
H G F E 下

第一图

先来说第一种。你将八个钱分成上下两排照第一图排好，便叫想寻它开心的人心里认定一个，告诉你它的位置在上一排或是下一排。

○ ○ C A 上　　○ ○ ○ B 上
○ ○ D B 下　　○ ○ ○ D 下

　　　第二图　　　　　　　第三图

　　譬如他回答你是"上"，那么你顺次将上一排的四个收起，再收下一排的。然后将收在手里的一堆钱（注意，是按顺序的一堆，你弄乱了那就要垮台了），上一个下一个地再摆作两排，如第二图。将两图比较起来看，一图中上一排的四个到二图中分成上下各两个了。你再问他所认定的这次在哪一排。譬如他的回答是"下"，那么第一次在上，这一次在下的只有 B 和 D，你就先将这两个收起，再胡乱去收其余的六个，再照第二次的方法排成上下两排，如第三图。在这图里 B 和 D 已各在一排，你再问他，若他说"上"，那他所认定就是 B，反过来，他若说"下"，当然是 D 了。

　　前面的三个图中，我在第二图有四个圈没写字，在第三图只写了两个，这不是我忘了，也不是懒，空圈只是表示它们的位置与结果没有什么关系。

　　其实这种玩法道理很简单，就是第二回留一半在原位置，第三回留下一半的一半在原位置。四个的一半是二，两个的一半是一，这还有什么猜不着呢？

　　我不是说这种方法是非科学的吗？因为它实在没有什么固定的用法，不但 A，B，C，D 在第二图可随意平分排在上下两排，而且还不一定要排在右边四个位置，只要你自己能够记清楚就好了。举个例说，譬如你第一次将钱收在手里的时候是这样一个顺序：A，B，E，F，G，

H，C，D，你就可以将它们排成第四图（样式很多，这里不过随便举出两种），无论在哪一种里，其目的总在把 A，B，C，D 平分成两排。同样的道理，第三图的变化也很多。

D C H G 上
F E B A 下
或
B F H D 上
A E G C 下
或……

第四图

老实说，这种玩法简直无异于这样：你的两只手里各拿着四个钱，先问别人所要的在哪一只手，他若说"右"，你就将左手的全部甩掉，从右手分两个过去；再问他一次，他若说"左"，你又把右手的两个丢掉，从左手分一个过去，再问他所要的在哪只手。朋友，你说可笑不可笑，你左手、右手都只剩一个钱了，他对你说明在左在右，答案用你猜吗？

所以第一种玩法是蒙混"侏儒"的小巧玩意儿。

现在来说第二种。

7 5 3 1　　7 5 3 1
D C B A 上　F B E A
8 6 4 2　　8 6 4 2
H G F E 下　H D G C

第五图　　　第六图

第二种和第一种的不同，就是钱的三次位置，别人是在最后一次才一口气说出来，这倒需有点儿硬工夫。我还是先将玩法叙述一下吧。第一次先将八个钱排成第五图的样子，其实与第一图相同，"上下"指的是排数，"1，2……8"是钱的位置。你叫别人认定并且记好了上下，就将钱收起，照1，2，3，4，5，6，7，8的顺序收，不可弄乱。

　　收好以后你就从左到右先排下一排，后排上一排，排成第六图的样子。

7　5　3　1

G　E　C　A

8　6　4　2

H　F　D　B

第七图

　　别人看好以后，你再照1，2，3，4，5……的次序收起，照同样的方法仍然从左到右先排下一排，再排上一排，这就成第七图的样子。

　　在这一回，若他说出来的是"上下下"，那就是下一排的第二个；若他说"下下下"，那就是下一排的第四个。

　　为什么是这样呢？

　　朋友，因为摆成功是那样的，我们不妨将八个钱三次的摆放位置都写出来：

A——上上上

C——上下上

E——下上上

G——下下上

B——上上下

D——上下下

F——下上下

H——下下下

这样便会发现，A，B，C，D……八个钱三次的位置没有一个是相同的，所以无论他说哪一个你都可以对应到。

朋友，这次你该明白了吧？不过你还不要太高兴，我这段"八仙过海指南"还没有完呢，而且所差的还是最重要的一个"秘诀"。你难道不会困惑 A，B，C，D……这几个字只有这图上才有，日常使用的铜元上没有吗？即使你另有八个记号，若要记清楚上上上是 A，下下下是 H……这样做也够辛苦的了。在这里却用得到"秘诀"。所谓秘诀就是八个中国字，"王、元、平、求、半、米、斗、非"这八个字，粗略地说，都可分成三段，若某一段中含有一横那就算表示"上"，不是一横便表示"下"，所以王字是上上上，元字是上上下……我们可以将这八个字和第七图相对顺次排成第八图的样子：

7	5	3	1	
G	E	C	A	上
斗	半	平	王	
下	下	上	上	
下	上	上	上	
上	上	下	上	

$$8 \quad 6 \quad 4 \quad 2$$

H	F	D	B	下
非	米	求	元	
下	下	上	上	
下	上	下	上	
下	下	下	下	

第八图

由第八图，就可看明白，你只要记清楚王、元、平、求……的位置顺序和各字所代表的三次位置的变化，当别人说出他的答案以后，你只须口中念念有词地暗数应当是第几个就行了。

譬如别人说"下上上"，那么应当是"半"字，在第5位；若他说"上下上"，应当是"平"字，在第3位，这不就可以瓮中捉鳖了吗？

暂时我们还不说到数学上面去。我且问你，这个玩意儿是不是限定要八个钱不能少也不能多？是的，为什么？不是，又为什么？"是"或"不是"很容易说出口，不过学科学的人第一要紧的是既然下个判断，就得说出理由来，除了对于那几个大家公认的基本公理或假说，是不容许乱说的。

经我这样板了面孔地问，朋友，你心里也有些拿不定主意了吧？大胆一点儿，先回答一个"是"字。真的，顾名思义，"八仙过海"当然总共要八个，不许多也不许少。

为什么？

因为分上下排，只排三次，位置的变化总共有八个，而且也只有八个。所以钱若不够八个就有空位置，钱若超过八个就有变化重复的。

怎样知道位置的变化总共有八个，而且只有八个呢？

不错，这是我们应当注意的问题的核心，但是我现在还不能回答它，且把问题再来盘弄一回。

"八仙过海"这玩意儿总共有下面的几个条件：

（1）八个钱；

（2）分上下两排摆；

（3）前后总共排三次；

（4）收钱的顺序是照直行由上而下，从第一行起；

（5）摆钱的顺序是照横排由左而右，从下一排起。

（4）（5）是排的步骤，（1）（2）（3）都直接和数学关联。前面已经回答过了，倘使（2）（3）不变，（1）的数目也不能变。那么，假如（2）或（3）改变一下，（1）的数目将怎样变化？

我简单地回答你，（1）的数目也就跟着要变。换句话说，若排数增加"（2）变"或是排的次数增加"（3）变"，所需要的钱就不只八个，不然便有空位要留出来。

先假定排成三排，那么我告诉你，就要二十七个钱，因为上、中、下三个位置三次可以调出二十七个花样。若你不信，请看下图：

9	8	7	6	5	4	3	2	1	上
18	17	16	15	14	13	12	11	10	中
27	26	25	24	23	22	21	20	19	下

第九图

```
21   12   3   20   11   2   19   10   1   上
24   15   6   23   14   5   22   13   4   中
27   18   9   26   17   8   25   16   7   下
```

第十图

```
25   22   19   16   13   10   7   4   1   上
26   23   20   17   14   11   8   5   2   中
27   24   21   18   15   12   9   6   3   下
```

第十一图

第九图本来是任意摆的，不过为了说明方便，所以假定了一个从 1 到 27 的顺序。

由第九图，参照（4）（5）两步骤，就可摆成第十图。

由第十图，参照（4）（5）两步骤，就可摆成第十一图。

现在我们来猜了。

甲说"上中下"——他认定的是 6；

乙说"中下上"——他看准的是 16；

丙说"下上中"——他瞄着的是 20；

丁说"中中中"——他注视的是 14；

……

总共二十七个钱，无论别人看定的是哪一个，只要他没有把三次的位置记错或说错，都可以拿出来。

这更神奇了，又有什么秘诀呢？

没有，没有，没有，回答三个"没有"或五个"没有"。"八仙过海"的秘诀不过比一般的法则来得灵动些，所以才用得着。按前面的方法，现在要找二十七个字分别代表上、中、下的位置变化，实在没这般凑巧，哪怕有，记起来也一定不轻松。那么，怎样找出别人认准的钱来呢？

好，你要想知道，那我们就来仔细考察第十一图，我将它画成第十二图的样子。

```
25  22  19  |  16  13  10  |  7  4  1  上
26  23  20  |  17  14  11  |  8  5  2  中
27  24  21  |  18  15  12  |  9  6  3  下
      下            中            上
   下 中 上      下 中 上      下 中 上
```

第十二图

图中分成三大段，你仔细看：第一段的九个是 1 到 9，对应在第九图中，恰好都在上一排，所以我在它的下面写个大的"上"字；第二段的九个是 10 到 18，对应在第九图中恰好都在中间一排，所以我在下面写个大的"中"字；第三段的九个是从 19 到 27，对应在第九图中恰好都在最下排，所以我用一个大的"下"字指明白。

你再由各段中看第一行，它们在第十图中都被摆在上一排；各段中的第二行，在第十图中都被摆在中一排；而各段的第三行，在第十图中都被摆在下一排。

这样，你总可以明白了。若甲说"上中下"，第一次是上，所以应当对应在第一段；第二次是中，所以应当对应在第一段的第二行；第三次是下，就应当在第一段第二行的下一排，那不正是 6 吗?

又如乙说"中下上"，第一次是中，就应当对应在第二段；第二次是下，则应当对应在第二段的第三行；第三次是上，应当在第二段第三行的上一排，那不就是 16 吗?

你再将丙、丁……所说的去依次查看。

若明白了这个法则的来源和结果，照葫芦画瓢，无论排几排都可以，肯定成功，而且找法也和三排的一样。例如我们排成四排，那就要六十四个钱，我只将图画在下面，供你参考。说明呢，就不再重复了。至于五排、六排、十排、二十排都可照推，你不妨自己画几个图去看。

一　1　2　3　4　5　6　7　8　9　10　11　12　13　14　15　16

二　17　18　19　20　21　22　23　24　25　26　27　28　29　30　31　32

三　33　34　35　36　37　38　39　40　41　42　43　44　45　46　47　48

四　49　50　51　52　53　54　55　56　57　58　59　60　61　62　63　64

第十三图

一　1　17　33　49　2　18　34　50　3　19　35　51　4　20　36　52

二　5　21　37　53　6　22　38　54　7　23　39　55　8　24　40　56

三　9　25　41　57　10　26　42　58　11　27　43　59　12　28　44　60

四　13　29　45　61　14　30　46　62　15　31　47　63　16　32　48　64

第十四图

一	1	5	9	13	17	21	25	29	33	37	41	45	49	53	57	61
二	2	6	10	14	18	22	26	30	34	38	42	46	50	54	58	62
三	3	7	11	15	19	23	27	31	35	39	43	47	51	55	59	63
四	4	8	12	16	20	24	28	32	36	40	44	48	52	56	60	64

一　　　　　　二　　　　　　三　　　　　　四

一二三四　|　一二三四　|　一二三四　|　一二三四

第十五图

譬如有人说"二四三"，那么他看定的钱在第十五图中的第二段第四行第三排，就是31；若他说"四三一"，那就应当在第十五图中的第四段第三行第一排，他所注视的是57。

上面所讲的是排数增加，排的次数不变的情况。现在假定排数不变，只是排的次数变更，我们再看有什么变化。我们就限定只有上下两行排。

第一步，譬如只排一次，那么这很清楚，只能用两个钱，三个就无法猜了。

若排两次呢，那就用四个钱，它的变化如下：

```
  2 1  上        3 | 1  上
  4 3  下        4 | 2  下
                下 | 上
```

第十六图　　　　第十七图

它的变化是：

1——上　上

2——上　下

3——下　上

4——下　下

　　三次就是"八仙过海"，不用再说。如若排四次呢，那就用十六个

钱，排法和上面说过的一样，变化的图如下：

8 7 6 5 4 3 2 1 上

16 15 14 13 12 11 10 9 下

第十八图

12 4 11 3 10 2 9 1 上

16 8 15 7 14 6 13 5 下

第十九图

14 10 6 2 13 9 5 1 上

16 12 8 4 15 11 7 3 下

第二十图

15 13 11 9 ｜ 7 5 3 1 上

16 14 12 10 ｜ 8 6 4 2 下

下　　　　　　上

下　｜　上　　下　｜　上

下｜上　下｜上　下｜上　下｜上

第二十一图

例如有人认定的钱的四次的位置是"上下下上"，那么应当在第二十一图中的第一段第二分段第二行的上排，是7；又如另有一个人说他认定的钱的位置是"下下上上"，那就应当在第二十一图中的第二段第二分段再第一分段的上一排，便是13。

照推下去，五次要用三十二个钱，六次要用六十四个钱……喜欢玩的朋友不妨当作消遣去试试看。

总结一下，前面说"八仙过海"的五个条件，由这些例子来分析可知，第一个条件是跟着第二、第三个变的。至于第四、第五，关于步骤的条件和前三个都没有什么直接关系。它们也可以变更。例如（4）我们也可以由下而上，或从末一行起，而（5）也可以由右而左从第一排起。不过这么一来，所得的最后结果形式稍有点儿不同。

从我们所举过的例子看，钱的数目是这样：

（1）分两排：

（a）排一次——2个

（b）排二次——4个

（c）排三次——8个

（d）排四次——16个

（2）分三排：

（a）排一次——3个（我们可以想得到的）

（b）排二次——？个（请你先想想看）

（c）排三次——27个

（d）排四次——？个

（4）分四排：

（a）排一次——4个（我们可以想得到的）

（b）排二次——? 个

（c）排三次——64个

（d）排四次——? 个

这次却真的到了底，我们要解决的问题是：

"分多少排，总共排若干次，究竟要多少钱，而且只能要多少钱？"

在上面已举出的钱的数目的事例中，在钱数都是必要而且充足的，说得明白点，就是不能多也不能少。我们怎样回答上面的问题呢？假如你只要一个答案就满足，那么是这样的：

设排数是 a，排的次数是 x，钱数是 y，这三个数的关系如下：

$y=a^x$。

我们将前面已讲的例子代入进去，看看这个关系是否靠得住：

（1）

（a）$a=2$，$x=1$，$\therefore y=2^1=2$

（b）$a=2$，$x=2$，$\therefore y=2^2=4$

（c）$a=2$，$x=3$，$\therefore y=2^3=8$

（d）$a=2$，$x=4$，$\therefore y=2^4=16$

（2）

（a）$a=3$，$x=1$，$\therefore y=3^1=3$

（b）$a=3$，$x=2$，$\therefore y=3^2=9$（对吗？）

（c）$a=3$，$x=3$，$\therefore y=3^3=27$

（d）$a=3$，$x=4$，$\therefore y=3^4=81$（？）

（3）

（a）$a=4$，$x=1$，$\therefore y=4^1=4$

（b）$a=4$，$x=2$，$\therefore y=4^2=16$（？）

（c）$a=4$，$x=3$，$\therefore y=4^3=64$

（d）$a=4$，$x=4$，$\therefore y=4^4=256$（？）

从上面的结果来看，我们所用过的例子都合得上，那个关系式大概总有些可靠了。就是几个不曾试过的数，想起来也还不至于错误。不过单是这样还不行，别人总得问我们理由。这便无可拖延，只得找出理由来。

若说理由，就是将我们所用过的例子合在一起用脑力去想，一定可以想得出来的。不过，这实在大可不必，如果能有别人的现成架子直接痛快地装上去该多么爽气。那么，在数学中可以找到这一栏吗？

可以。那就是顺列法，我们就来说顺列法吧。

先说什么叫顺列法。

有几个不相同的东西，譬如 A，B，C，D……几个字母，将它们的次序颠来倒去地排，计算这排法的数目，这种方法就叫顺列法。

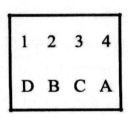

第二十二图

顺列法的计算本来比较复杂，而且一不小心就容易弄错，要想弄清楚，自然只好去读教科书或是去请教你的数学教师。这里不过用到其中部分，只限于几个法则基本。

第一，我们来讲几个东西全体的、不重复的顺列。这句话需要解释一下，譬如有 A、B、C、D 四个字母，我们将它们全部拿出来排，这叫全体的顺列。所谓不重复是什么意思呢？那就是每个字母在一种排法中只需用一回，就好像甲、乙、丙、丁四个人排座位一样，甲既然坐了第一位，其余的三位当然不能再坐他的位置了。

要计算 A、B、C、D 的排列法，我们先假定有四个位置在一条直线上，譬如是桌上画的四个位置，A、B、C、D 是写在四个铜元上的。

第一步我们来就第一个位置想，起初 A、B、C、D 四个钱全都没有排上去，所以无论我们用哪一种摆法都行。这就可以发现，第一个位置可以有 4 种排法。我们取一个钱放到了 1，那就只剩三个位置和三个钱了，跟着来摆第二个位置。

外面剩的钱还有三个，第二个位置无论用这三个当中的哪一个去填它都是一样。这就可以知道，第二个位置总共有 3 种排法。摆好第二个位置后，桌子上只剩两个位置，外边也只剩两个钱了。

第三个位置因为只有两个钱剩在外面，所以填的方法也只有 2 种。

当第三个位置也被一个钱占领了时，桌上还剩一个空位，外面只有一个闲钱，所以第四个位置的排法便只有 1 种。

为了一目了然，我们还是来画一个图。

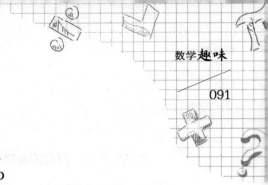

```
        1   2   3   4
            B<  C—D
                D—C
    A{      C<  B—D
                D—B
            D<  B—C
                C—B

            A<  C—D
                D—C
    B{      C<  A—D
                D—A
            D<  A—C
                C—A

            A<  B—D
                D—B
    C{      B<  A—D
                D—A
            D<  A—B
                B—A

            A<  B—C
                C—B
    D{      B<  A—C
                C—A
            C<  A—B
                B—A
```

第二十三图

仔细观察第二十三图第一位，无论是 A、B、C、D 四个当中的哪一个，A，或 B，或 C，或 D，第二位都有对应的三种排法，所以第一、第二位合在一起共有排法：

4×3 种。

而第二位无论是 A、B、C、D 中的哪一个，第三位都对应有两种排法，所以第一、二、三个位置合在一起算，总共的排法是：

4×3×2 种。

至于第四位，跟着前面第三位已经定了，只有对应的一个摆法，因此四个位置总共的排法是：

$4 \times 3 \times 2 \times 1 = 24$ 种。

我们由图上去看，恰好总共是二十四排。

假如桌上有五个位置，外面有五个钱呢？那么第一个位置照前面说过的有 5 种排法，第一位排定以后，后面剩四个位置和四个钱，它们的排法便和前面说过的一样了，所以五个位置的钱的排法是：

$5 \times 4 \times 3 \times 2 \times 1 = 120$ 种。

之前的例子是从 1 起连续的整数相乘一直乘到 4，这里是从 1 起乘到 5。假如有六个位置和六个钱，同样我们很容易知道是从 1 起将连续的整数相乘乘到 6 为止，就是：

$6 \times 5 \times 4 \times 3 \times 2 \times 1 = 720$

譬如有八个人坐在一张八仙桌上吃饭，那么他们的坐法便有 40320 种；因为：

$8 \times 7 \times 6 \times 5 \times 4 \times 3 \times 2 \times 1 = 40320$

你家请客是否常常碰到客人推让座位呢？若真叫他们让来让去，要试完这 40320 种排法，从天亮到天黑也完不成呢。

推出一般的法则，假设位置是 n 个，钱也是 n 个，它们的排法便是：

$n \times (n-1) \times (n-2) \times \cdots \times 5 \times 4 \times 3 \times 2 \times 1$

这样写起来太不方便了，不是吗？在数学上，对于这种从 1 起到 n 为止的 n 个连续整数相乘的把戏，给它起一个名字叫"n 的阶乘"，又用一个符号来代表它，就是 $n!$，用式子写出来便是：

n 的阶乘 =n！ =$n \times (n-1) \times (n-2) \times \cdots \times 5 \times 4 \times 3 \times 2 \times 1$

所以

8 的阶乘 =8！ =$8 \times 7 \times 6 \times 5 \times 4 \times 3 \times 2 \times 1 = 40320$

6 的阶乘 =6！ =$6 \times 5 \times 4 \times 3 \times 2 \times 1 = 720$

5 的阶乘 =5！ =$5 \times 4 \times 3 \times 2 \times 1 = 120$

4 的阶乘 =4！ =$4 \times 3 \times 2 \times 1 = 24$

3 的阶乘 =3！ =$3 \times 2 \times 1 = 6$

2 的阶乘 =2！ =$2 \times 1 = 2$

1 的阶乘 =1！ =1

有了这个新的名词和新的符号，描述起来就便当了！

"n 个东西全体不重复的排列就等于 n 的阶乘 n！。"

但在日常我们排列东西的时候，往往遇见位置少而东西多的情形。举个例子，譬如你有一位朋友，他运道来了，居然奉国民政府的命令去当什么县的县长。这时你跑去向他贺喜，这自然是值得庆贺的，不是吗？已升官就可发财了！但是当你看到他时，一眼就可以看出来，他的脸上直一条、横一条的喜纹当中也夹着正一条、歪一条的愁纹。你若问他愁什么，他便告诉你，一个衙门里不过三个科长、六个科员、两个书记，荐人来的便签倒有三四十张，这实在难于安排。

真的，朋友，莫怪你的朋友难于安排，这事叫他想不得罪人简直不行！就算他只接到三十张荐人的便签，就算他的衙门里上至科长下至洗马桶的职位总共要用三十个人，但是每个人全是两道眉毛横在两只眼睛上的，哪个会看得见自己的眉毛的粗细，哪个不想当第一科科长！倘使你的朋友请你替他安排，你左排也不是，右排也不是，你也只得在脸上挂起愁纹来了。三十个人排来排去有多少？我没有这样的闲工夫去算，你只要想，单是八的阶乘就已有 40320 了，那三十的阶乘将是多么大的一个数！

笔一滑，又说了一段空话，转到正文吧。

譬如你那朋友接到的便签当中只有十张是要当科长的，科长的位置总共是三个，有多少种排法呢？这就归到第二种的顺列法。

第二，我们来讲几个东西部分的、不重复的顺列法。因为粥少僧多，所以只有一部分人的便签有效。因为国民政府的命令兼差不兼薪，没有哪个人会傻到吃一个人的饭却做两个人的事，所以排起来不含重复。

从十张便签中抽出三张来，分担第一、第二、第三科的科长，这有多少法子呢？

朋友，若你对于第一个方法是真明白了，这一个是很容易的。

第一科长没有指定人选时，十张便签都有同样的机会，所以这个位置的排法是 10 种。

第一科长已被什么人得去了，只剩九个人来争第二科的科长，所以第二个位置的排法是 9 种。同一个道理第三个位置的排法是 8 种，照第一种方法推来，这三个位置的排法总共应当是：

$10 \times 9 \times 8 = 720$ 种。

若是你的朋友接到的便签中，想当科长的是十一个或九个，那么其排法就应当是：

$11 \times 10 \times 9 = 990$ 种。

或 $9 \times 8 \times 7 = 504$ 种。

若是他的衙门里还有一个额外科长，总共便有四个位置，那么他的安排应当是：

$10 \times 9 \times 8 \times 7 = 5040$

$11 \times 10 \times 9 \times 8 = 7920$

或 $9 \times 8 \times 7 \times 6 = 3024$

我们仍然用 n 代表东西的数目（在数学上算数的时候，朋友，你不必生气，人也只是一种东西，倒与他有没有当科长无关），不过位置的数目既然和东西的不同，所以得另用一个字母来代表，譬如用 m，我们的题目就会变成这样：

"在 n 个东西里面取出 m 个来的排法。"

照前面的推论法，m 个位置，n 个东西，第一位的排法是 n；第二个位置的排法，东西已少了一个，所以只有 $n-1$ 个排法；第三个位置，东西又少了一个，所以只有 $n-2$ 个排法……照推下去，直到第 m 个位置，它的前面有 $m-1$ 个位置，而每一个位置都拉了一个人去，所以被拉去的共有 $m-1$ 个人，就总人数说，这时已少了 $m-1$ 个，只剩 $n-(m-1)$ 个人了，所以这个位置的排法是 $n-(m-1)$。

这样一来，总共的排法便是：

$n \times (n-1) \times (n-2) \times (n-3) \times \cdots \times [n-(m-1)]$

比如 n 是 11，m 是 4，代进去就得：

$11 \times (11-1) \times (11-2) \times (11-3) = 11 \times 10 \times 9 \times 8 = 7920$

在实际运用时只要从 n 写起，往下总共连着写 m 个就行了。

这种排法也有一个符号，就是 $_nP_m$。P 左边的 n 表示总共的个数，P 右边的 m 表示取出来排的个数，所以如在 26 个字母当中取出 5 个来排，它的方法总共就是 $_{26}P_5$。

将上面的计算用这符号连起来，就得出下面的关系：

$$_nP_m=n\times(n-1)\times(n-2)\times\cdots\times[n-(m-1)] \qquad (1)$$

这里有一件很有意思的事，譬如我们将前面说过的第一种排法也用这里的符号来表示，那就成为 $_nP_n$。所以：

$$_nP_n=n! \qquad (2)$$

在 n 个东西当中用去了 m 个，剩的还有 $n-m$ 个，这 $n-m$ 个若自己调来调去地排，它的数目就应当是：

$$_{n-m}P_{n-m}=(n-m)! \qquad (3)$$

朋友，我问你，用（$n-m$）！去除 n！得什么？

如果你们想不出，我就将它们写出来：

$$\frac{n!}{(n-m)!}=\frac{n(n-1)(n-2)\cdots[(n-m+1)](n-m)\cdots3\cdot2\cdot1}{(n-m)\cdots3\cdot2\cdot1}$$

从这个式子一看分子和分母将公因数消去后，恰好得：

$$\frac{n!}{(n-m)!}=n(n-1)(n-2)\cdots[n-(m+1)]$$

这式子的右边和式（1）的完全不一样，所以：

$$_nP_m=n(n-1)(n-2)\cdots[n-(m+1)]=\frac{n!}{(n-m)!}=\frac{_nP_n}{_{n-m}P_{n-m}}$$

这个式子很有意思，我们可以这样想：从 n 个当中取出 m 个来排，和将 n 个全排好，从第 $m+1$ 个起截断一样，因为 $_nP_n$ 是 n 个的排列，$_{n-m}P_{n-m}$ 是 m 个以后所余的东西的排列。

举个例子来说，从 5 个字母中取出 3 个来的排法是 $_5P_3$，而 5-3=2，

$$_5P_3 = \frac{_5P_5}{_2P_2} = \frac{5!}{2!} = 5 \times 4 \times 3 = 60$$

关于这两种顺列法的计算，基本原理就是这样。但应用起来却不容易，因为许多题目往往包含着一些限制条件，它们所能排成功的数目就会减少。譬如八个人坐的是圆桌，大家预先又没有说明什么叫首座，这比他们坐八仙桌的变化就少得多。又譬如在八个人当中有两个是夫妻，非挨着坐不可，或是有两个是冤家对头，绝不能坐在一起，或是有一个人是左手拿筷子的，若坐在别人的右边不免要和别人的筷子冲突起来。这些条件是数不尽的，只要有一个存在，排列的数目就得相应减少。朋友，你要想详细了解，我只好劝你去读教科书或去请教你的数学老师，这里就不做介绍了。

呵！你也许不免要急得跳起来了吧？说了半天，这和"八仙过海"有什么关系呢？这是应当赶快解决的问题，不错。但还得请你忍耐一下，单是这样，这架子还不够，不能好好地将"八仙过海"这一类的玩意儿往上摆。我们得另说一种别的排列法。

前面的两种都是不重复的，但"八仙过海"每一个钱的三次位置不是上就是下，所以总得重复，这种排列法和前面所说过的两种多少有点儿大同小异，就算它是第一种吧。

第三种是 n 种东西 m 次数可重复的顺列。就用"八仙过海"来作例，排来排去，不是上便是下，所以就算有两种东西，我们不妨用 a，b 来表示它们。

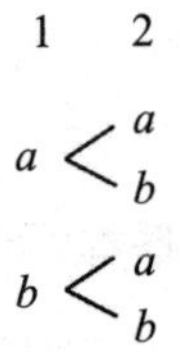

$$1 \quad 2$$

$$a < \begin{matrix} a \\ b \end{matrix}$$

$$b < \begin{matrix} a \\ b \end{matrix}$$

第二十四图

首先说两次的排法，参考第二十四图。第一个位置因为我们只有 a，b 两种不同的东西，所以只有 2 种排法。

但是在这里，因为 a 和 b 都可重复使用的缘故，就是第一个位置被 a 占了，到第二个位置还是可以有 2 种排法；同样地，若 b 占了第一个位置，到第二个位置也仍然有 2 种排法。因此总共的排法应当是：

$2 \times 2 = 2^2 = 4$ 种。

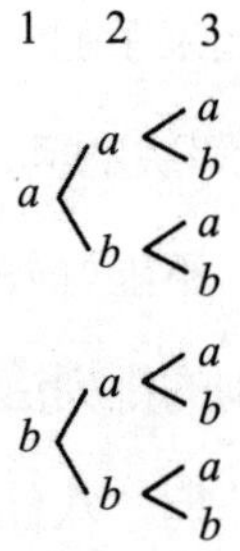

$$1 \quad 2 \quad 3$$

$$a \begin{cases} a < \begin{matrix} a \\ b \end{matrix} \\ b < \begin{matrix} a \\ b \end{matrix} \end{cases}$$

$$b \begin{cases} a < \begin{matrix} a \\ b \end{matrix} \\ b < \begin{matrix} a \\ b \end{matrix} \end{cases}$$

第二十五图

譬如像"八仙过海"一般，排的是 3 次呢，照这里的话说，就是有三个位子可排，那么就如第二十五图的样，全体的排法是：

$2 \times 2 \times 2 = 2^3 = 8$

这不就说明了"八仙过海"，分上下两排，总共排三次，位置不同的变化是 8 种吗？

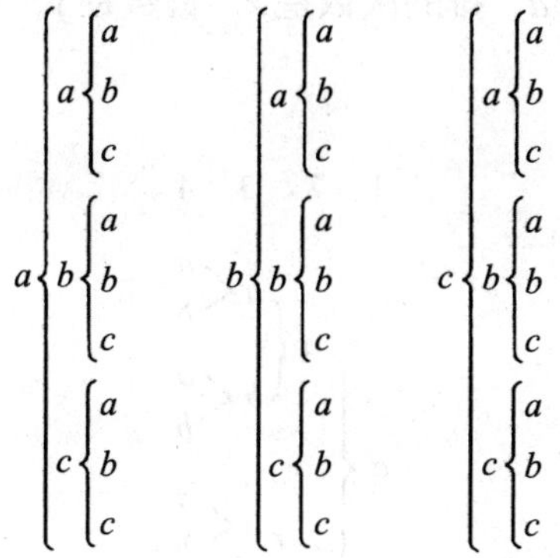

$$
a\begin{cases}a\begin{cases}a\\b\\c\end{cases}\\b\begin{cases}a\\b\\c\end{cases}\\c\begin{cases}a\\b\\c\end{cases}\end{cases}
\quad
b\begin{cases}a\begin{cases}a\\b\\c\end{cases}\\b\begin{cases}a\\b\\c\end{cases}\\c\begin{cases}a\\b\\c\end{cases}\end{cases}
\quad
c\begin{cases}a\begin{cases}a\\b\\c\end{cases}\\b\begin{cases}a\\b\\c\end{cases}\\c\begin{cases}a\\b\\c\end{cases}\end{cases}
$$

第二十六图

我们前面曾经说过分三排只排三次的例子，用 a，b，c 代表上、中、下，分析过程是一样的，暂且省略。就第二十六图看，可以知道排列方法的总数是：

$3 \times 3 \times 3 = 3^3 = 27$

这个数目和我们前面所用的钱恰好一样。

照同样的例子，分一、二、三、四，四排只排三次的数目是：

$4 \times 4 \times 4 = 4^3 = 64$

前面还说过排数不变、次数变的例子。两排只排三次，已说过了。两排排四次呢，那就如第二十七图，总共能排的数目应当是：

$2 \times 2 \times 2 \times 2 = 2^4 = 16$

若排的是三排，总共排四次，照同样的道理，它的总数是：

$3 \times 3 \times 3 \times 3 = 3^4 = 81$

以前所举出的例子都可照样推算出来。综合这几个式子进行比较，可以发现乘数是跟着排数变的，乘的次数，就是指数，是跟着排的次数

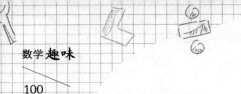

变的，所以若排数是 a，排的次数是 x，钱数是 y，那么，

$$y=a^x$$

$$
\begin{array}{cccc}
1 & 2 & 3 & 4
\end{array}
$$

$$
a\begin{cases}
a\begin{cases}
a<\begin{matrix}a\\b\end{matrix}\\[1ex]
b<\begin{matrix}a\\b\end{matrix}
\end{cases}\\[3ex]
b\begin{cases}
a<\begin{matrix}a\\b\end{matrix}\\[1ex]
b<\begin{matrix}a\\b\end{matrix}
\end{cases}
\end{cases}
$$

$$
b\begin{cases}
a\begin{cases}
a<\begin{matrix}a\\b\end{matrix}\\[1ex]
b<\begin{matrix}a\\b\end{matrix}
\end{cases}\\[3ex]
b\begin{cases}
a<\begin{matrix}a\\b\end{matrix}\\[1ex]
b<\begin{matrix}a\\b\end{matrix}
\end{cases}
\end{cases}
$$

第二十七图

用一般的话来说，可以总结为：

"n 种东西，m 次数可重复的顺列，便是 n 的 m 次乘方，n^m。"

所谓"八仙过海"，现在可算明白了，不过是顺列法中的一种游戏，有什么奇妙呢？你只要记好 y 等于 a 的 x 乘方这个式子，你想分几排，排几次，心里一算便可知，应当请几位神仙下凡。你再照前面所说过的（4）（5）两个步骤去做，纵然神仙的道法高，如来佛的手心却可伸缩，岂知孙悟空的筋斗云不管用呢？

八
棕榄谜

一

在本年七月十三日的《申报本埠增刊》里载着一幅很大的广告，是美商上海棕榄公司投放的，现在择要抄在下面。

游戏规则：

一、一切规则均参照雀牌，"棕榄香皂"四字分别代替东南西北；"珂路辮"三字分别代替中發白；棕榄香皂、丝带牌牙膏及棕榄皂珠的三种图形则相应地代替筒、条、万。

二、按照雀牌规则，由本公司总经理及华经理马伯乐先生在下图五十六只牌中，捡出十四只排定一副和牌，送至上海银行封存在第三四一零号保管箱中，至开奖时请公证人启视，以表郑重。

三、参加游戏者只可在下图五十六只牌中捡出十四只排成一副和

牌，如与本公司所排定的和牌完全相同，则将获赠本公司提供的无线电收机音一台。

四、本公司备同款收音机十台，作为赠品，仅以十座为限。如猜中者超过十人，则再用抽签法决定。

五、参加游戏者需附寄大号棕榄香皂绿包纸及黑纸带各一，空函无效。每人最多只能猜四次，每猜一次均需纸、带各一。

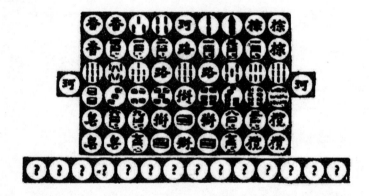

有几位朋友和我谈起这"棕榄谜"的时候，他们张口就问："从这五十六只中选出十四只排定和牌一副，究竟有多少种排法？"这本来只是数学上的一个计算问题，但要回答这个确切得数，却不容易。倘若读者先想定一个答数，读完这篇文章后再来比较，我相信大多数的人都会感到吃惊不已的。

初学数学的人常常会提出这样的问题："一个题目到手，应当从何入手呢？"因为他们见到别人解起题来好像毫不费力，便觉得这里面一定有什么秘诀。其实科学中无所谓秘诀，要解答题目，只有依照一定的程序去思索。思考力经过训练后，这程序能够应用得比较熟练，就容易使别人感到神妙了。学问本是严正的东西，并非变戏法，哪儿有什么神奇、奥妙？

本文目的：一是说明数学中叫作组合（Combination）的这一种法则；二是说明思索数学题目应遵循的基本态度。我们平常在数学教科书中所遇到的问题都是由编者设计好了的，要解答总有一定的法则可以应用，思索起来也比较简单。本文所用的这个题目并不是谁预先安排的，用来说明思索的态度比较周到些。不过头绪繁复，需要大家得耐着性子，不过话说回来，死书以外的题目哪有不繁复的呢？

二

一个题目到手，在思索怎样解答以前，必须对它有明确的认识：这题目中所含的意义是什么？已知的事项是什么？所要求出的事项是什么？这些都得辨别清楚，这是分析题目的第一步。常常见到有些性急的朋友，题目还只看到一半，便动起手来，这自然难以做对。假如我的经验可靠，那么不但要先认清题目，而且还需将它记住，再去想。对题思索，在思索的进展上往往会生出许多纷扰。

认清题目以后，还有一步工作也不可省略，那就是问一问"这题目是可能的吗"？数学上的题目，有些是表面上看起来非常容易，而一经研究便束手无策的。初等几何中的"三等分任意角"，代数中的"五次方程式——其实是五次以上的——一般的解法"，这些最后都被归到不可能的领域中了。

所谓题目的不可能，分为两种，一种是主观的能力，一种是客观的条件。例如，只学过算术的人，三减五是不可能，这是第一种；三等分任意角，这是第二种。因为初等几何的作图，只许用没有刻度的尺和圆规两种器械。此外还有一种不可能，便是题目所给的条件不合逻辑或缺少条件，比如"鸡兔同笼共三十个头，五十只脚，求各有几只"，这是条件不合逻辑，因为三十只就算全是鸡也得有六十只脚。至于条件缺少，当然是不可能的。有一次我和孩子背九九乘法表，自然他对我只有惊异，但是他很顽皮，居然想要制服我，忽然这样问道："你会算，一间房子有几片瓦吗？"这个问题我当然回答不上来，因为条件不够。我只能够在知道一间房子有几行瓦，每行有几片的情况下算出它的总数。

判定一个题目是否可能，照前面所说的看来，应属于解题以前的工作。但有些题目既要判定它的不可能，而且还要给出一个不可能的理由来，未必比解答题目容易，即如"三等分任意角"这一类就是经过不少的人研究才判定的。所以这里所说的只限于比较容易判定的范围，在这个范围内，能够判定所遇到的题目是否可能——主观的或客观的——对于学数学的人来说与解答问题一样重要。自然对于好的——编制和印刷上——教科书，我们可以相信那里面的题目总是可能的，遇到题目就向积极方面去思索而不加质疑，但这并不是正当的途径。

三

所遇到的题目，经过一番审度已是可能的了，自然接下来就是思索解答的方法。这种思索有没有一定的规律可循呢？因为题目的不同，要找一条通路，那是不可能的，不过基本的态度却可以说一说。用这样的态度去思索题目的解法，虽不能说可以将题目迎刃而解，但至少不至于走错路。若是经过了训练，还能够不至于多绕不必要的弯儿。

解答一个题目，需要的能力有两种：一是对于那题目所包含的一些事实的认识；一是对于解答那题目所需的数学上的法则的理解。例如关于鸡兔同笼的题目，鸡和兔每只都只有一个头，鸡是两只脚，兔是四只脚，这是题目中隐含的事实。倘若对于这些事实认识得不充足，对于这类的题目便休想动手。至于解这个题目所要用到的乘法、减法、除法，若不曾理解这些法则的根本意义，那对于解决这类问题是束手无策的。

现在我们转到"棕榄谜"上去。然而先得说明，我们要研究的是究竟有多少猜法，而不是怎样可猜中——照数学上分析，几乎是猜不中的，即使有人猜中，那只是偶然的幸运。

我们要解答的题目是：

在所绘的五十六张牌中，照雀牌规则捡出十四只来排成和牌一副，有多少种捡法？

这题目的解答就客观的条件分析当然是可能的，因为从五十六张牌中捡出十四只的方法有多少种，可以通过法则计算。在这些中，只要减去照"雀牌规则"排不成和牌的数目就行了。客观的条件既然是可能的，那么，我们就尽量使用我们的能力吧。

解答这个题目我们首先需要掌握哪些基本信息呢？

从事实上说，应当知道依照雀牌的规则，怎样叫作一副和牌。

从算理上说，应当知道从若干东西中取出多少来的方法，应当怎样计算。

四

我相信所谓雀牌，读者当中十分之九是认识的，所以这里不作说明了。至于玩法，知道的也许没有这般普遍，但这里不是编雀牌讲义，也用不到说。只有所谓的一副和牌需要强调一下。

十四张牌，若可凑成四组三张的和一组两张的，这便是和了。为什么说"凑成"呢？因为并不是随便三张或两张都有资格成为一组。照雀牌规则，三张成一组的只有两种：一是完全相同的；二是花色——如所谓筒、条、万——相同而连续的，如一、二、三筒，二、三、四条，三、四、五万等。至于两张成一组的那只有对子才能算数。

以所绘的五十六张牌为例，那么"棕棕棕，榄榄榄，香香香，皂皂皂，珂珂"便是一副和牌，此外，图中的十二只香皂再任意配上别的一对也是一副和牌，因为十二只香皂恰好可排成"一一一，二三四，五六七，七八九"四组。

五

如何计算从若干件东西中取多少件的方法呢？比如你约了九个朋友，这样总共便有十个人，大家一起组织一个数学研究会，要选两个人做干事，可以有多少方法呢？

假如你已看过从前中学生的《数学讲话》，还能记起所讲过的排列法，那么这便容易了。假设两个干事还分正、副职，那么这只是从十件东西中取出两件的排列法，它的总数是：

$$_{10}P_2 = 10 \times 9 = 90$$

但是前面并没有说过分正、副职，所以在这九十种中，王老三当正干事，李老二当副干事，与李老二当正干事，王老三当副干事，在这里只能算一种。因此从十个人当中选两个出来当干事，实际的方法只有：

$_{10}P_2 \div 2 = 90 \div 2 = 45$ 种

同样地，假如你要在 A，B，C，D……Z 二十六个字母中，取出两个来做什么符号，若所取的次序也与结果有关系，即 AB 和 BA 以及 BC 和 CB……两两不相同，则你的取法共是：

$_{26}P_2 = 26 \times 25 = 650$

若所取的次序对结果无影响，即 AB 和 BA 以及 BC 和 CB……看作两两相同，只能算成一种，则取法共是：

$_{26}P_2 \div 2 = 650 \div 2 = 325$

由此可以推到一般的情形去，从 n 件东西里取出两个来的方法，不管它们的顺序，则总共的取法是：

$$_nP_2 \div 2 = \frac{n(n-1)}{2}$$

到了这一步，我们的讨论还没完，因为所取的东西都只有两件，若是增加为取三件会怎样呢？在你组织的数学研究会中，若需要选出的干事是三人，总共有多少选举法呢？

假定这三个干事的职务不同，比如说一个是记录，一个是会计，一个是庶务，那么推选的方法便是从十个当中取出三个的排列，而总数是：

$_{10}P_3 = 10 \times 9 \times 8 = 720$

但若不管职务的差别，则张、王、李三个人被选出来后，无论他们三人如何分担职务都是一样的，只好算是一种选举法。因此我们应当用三个人三种职务分担法的数目去除前面所得的720，而这三个人对三种职务的分担法总共是：

$_3P_3 = 3 \times 2 \times 1 = 6$ 种。

所以从十个人中选出三个干事的方法共是：

$$_{10}P_3 \div {}_3P_3 = \frac{10 \times 9 \times 8}{3 \times 2 \times 1} = 120$$

同样地，若从 A，B，C，D……Z 二十六个字母中取出三个，不管它们的顺序，则总数是：

$$_{26}P_3 \div {}_3P_3 = \frac{26 \times 25 \times 24}{3 \times 2 \times 1} = 2600$$

因为在 $_{26}P_3$ 的各种排列中，组成字母相同而顺序不同的（如 ABC，ACB，BAC，BCA，CAB，CBA）只能算成一种，就是 $_3P_3$ 当中的各种形式只算成一种。

从这里我们可以看出来，前面计算取两个的例子，我们用 2 作除数，在算理上应当是：

$$_2P_2 = 2 \times 1 = 2$$

于是我们可以得出下面的一般式来，即从 n 件东西中，取出 m 件的方法应当是：

$$_nP_m \div {}_mP_m = \frac{n(n-1)(n-2)\cdots(n-m+1)}{m(m-1)(m-2)\cdots 2 \cdot 1}$$

$$= \frac{n(n-1)(n-2)\cdots(n-m+1)}{m!} \qquad (1)$$

若用 $_nC_m$ 来代替"从 n 件东西中取 m 件"的总数，则

$$_nC_m = \frac{n(n-1)(n-2)\cdots(n-m+1)}{m!} \qquad (1')$$

这个公式便是计算组合的一般式，为了便当一些，还可以将它的形式调整一下；

因为：$\dfrac{n(n-1)\ldots(n-m+1)}{m!}$

$$= \frac{[n(n-1)\cdots(n-m+1)][(n-m)(n-m-1)\cdots 1]}{m![(n-m)(n-m-1)\cdots 1]} = \frac{n!}{m!(n-m)!}$$

所以：

$$_nC_m = \frac{n!}{m!(n-m)!} \qquad （2）$$

举例来说，若在十八个球员中选十一个出来和别人比赛，推举的方法总共便是：

$$_{18}C_{11} = \frac{18\times17\times16\times15\times14\times13\times12\times11\times10\times9\times8}{11\times10\times9\times8\times7\times6\times5\times4\times3\times2\times1} = 31824$$

这是依照了公式（1）计算的，实际我们由公式（2）计算更简捷些，因为：

$$_nC_m = \frac{n!}{m!(n-m)!} = \frac{n!}{(n-m)!m!} = \frac{n!}{(n-m)!(n-\overline{n-m})!} = _nC_{(n-m)}$$

所以：

$$_{18}C_{11} = _{18}C_{18-11} = _{18}C_7 = \frac{18\times17\times16\times15\times14\times13\times12}{7\times6\times5\times4\times3\times2\times1} = 31824$$

$_nC_m = _nC_{(n-m)}$ 这个性质，从实际推想出来的，非常有趣味。前面是说从 n 件里面取出 m 件，后面是说从 n 件里面取出（n-m）件，这两种取法的数目当然是一样的。你若要追问为什么说是"当然"，那么，你可以这样想：比如一只口袋里面装有 n 件小玩意儿，你从口袋里摸出 m 件，那里面所剩的便是（n-m）件。你的摸法不同，口袋里的剩法也不同。你有若干种摸法，口袋里便跟着有若干种剩法。摸法和剩法完全是就你自己规定的，其实不过分成两组，一在口袋外，一在口袋里罢了。那么，取和舍的方法相同不是当然的吗？

组合的基本计算不过这么一回事，但这里有一点应当注意，在上面的例子中 n 件东西是完全不相同的，若其中有些相同，计算起来便有些不一样了。关于这一层疑惑，倘若读者还想知道得更详细些，最好自己去想一想，不然请参考一下教科书去吧。归到棕榄谜上去，假如五十六张牌全不相同，那么捡出十四张的方法便是：

$$_{56}C_{14}=5804731963800$$

六

照理论说，既然已经知道从五十六张全不相同的牌中取出十四张的方法的数目，若再将相同而重复的数目以及不能凑成一副和牌的数目减去，便得所求的答案了。然而说起来容易，做起来却不简单。实际上要计算不成一副和牌的数目，比另起炉灶来计算能成一副和牌的数目更复杂。我们想另外的方法吧！

仔细想一想雀牌的规则，每一张牌若要在一副和牌中能占一个位置，都必得和别的牌产生关联，六亲无靠只有被淘汰。因此，我们研究和牌的形式不必从每一张上去着想，而可改换途径以每一组为单元。

那么，所绘的五十六张牌中，任取三张或两张为一组，能够有多少组是有资格加入到和牌里去呢？

要回答这个问题，我们先将所有的材料来整理一下，五十六张牌中，在花色方面，数目的分配是这样的：

（1）字：

棕 3 榄 3 香 3 皂 3 珂 3 路 3 瓣 4

（2）花色：

数别 类别	一	二	三	四	五	六	七	八	九
香皂	3	1	1	1	1	1	2	1	1
牙膏	1	1	1	1	1	1	1	1	3
皂珠	3	1	1	1	1	1	1	1	1

这些材料参照雀牌规则可以组成三张组和二张组的数目如下：

（1）字：

（a）三同色组：棕、榄、香、皂、珂、路、辮各1组，共7组

（b）三连续组：无

（c）对子组：棕、榄、香、皂、珂、路、辮各1组，共7组

（2）花色：

	香皂	牙膏	皂珠
（a）三同色组	1组	1组	1组
（b）三连续组	7组	7组	7组
（c）对子组	2组	1组	1组

各组数目的统计，三同色组和对子组是已有的材料，一眼就能看清，只有三连续组，就是从 1，2，3，4，5，6，7，8，9 九个自然数中取三个连续的方法。关于这一种取法的计算和前面所说的一般的组合法显然不同。这有没有一定的公式呢？我可以直截了当地回答"有"。

设若有 n 个连续的自然数，要取 2 个相连续的，那么取的方法总共就是：

$$n-\overline{2-1}=n-2+1=n-1$$

因为从第一个起，将第二个和它相连得到一种，接着我们将三个去换第一个又得到一种，再将第四个去换第二个又得到一种，依次下

去，最后是将第 n 个去换第（$n-2$）个。所以 n 个中除去第一个外，共有（$n-1$）个都可和它们前面一个相连成一种，因而总共的方法便是（$n-1$）种。为什么上面的式子一开始我们要写成 $n-\overline{2-1}$ 呢？因为每组要取两个，所有数中就有一个是没有前面的数供它连上去的。

由此可知，在 n 个连续的自然数中，要取 3 个连续数的方法共是：

$$n-\overline{3-1}=n-3+1=n-2$$

因为是 3 个一组，所以最前面便有（3-1）个没有前面的数供它们连上去。

由这个公式，9 个连续的自然数中，要取 3 个连续数的方法便是：

$$9-\overline{3-1}=9-2=7$$

将上面的公式推到一般情形中去，就是从 n 个连续的自然数中取 m 个连续数的方法，总共是：

$$n-\overline{m-1}=n-m+1$$

七

照前面计算的结果，三张组总共是 31 组，对子组总共是 11 组，而一副和牌所包含的是四个三张组和一个对子组。我们很容易想到只要从 31 组三张组中取出 4 组，再同 11 组对子组中的任何 1 组相配合，便成一副和牌。而三张组的取法共是 $_{31}C_4$，对子组的取法共是 $_{11}C_1$。因为两种取法中的任何一种都可以同其他一种中的任何一种配合，所以总数便是：

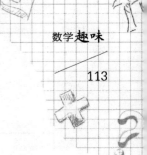

$$_{31}C_4 \times _{11}C_1 = \frac{31 \times 30 \times 29 \times 28}{4 \times 3 \times 2 \times 1} = \frac{11}{1} = 346115$$

然而这个数目太大了，因为这些组合就所绘的材料来说有些是不可能的。从 31 组三张组中取 4 组的总数是 $_{31}C_4$，但因为材料的限制，实际上的取法并没有这么多。比如取了香皂的三同色组，则它的三连续组中的"一二三"这一组就取不出了；若取了三连续组中的"一二三"这一组，则"二三四"和"三四五"这两组也取不出了。还有将对子配上去，也不是想象中那么容易，比如，若取了某一种的三同色组，则那一色的对子组便没有了；又如取了香皂的"五六七"或"六七八"或"七八九"，则香皂"七"的对子组也就没有了。

从上面所得的 346115 种取法中减去这些不可能的组合，那么便是我们所要求的了。然而要找这个减数，依然很复杂。

还有别的方法吗？

八

为了避去不可能的取法，我们尝试先以各种花色公开来取，然后再相配成四组。

（1）字：这类的三张组总共是 7 组，所以取一组、二组、三组、四组的方法相应地是：

$$_7C_1 = \frac{7}{1} = 7 \qquad\qquad _7C_2 = \frac{7 \cdot 6}{2 \cdot 1} = 21$$

$$_7C_3 = \frac{7 \cdot 6 \cdot 5}{3 \cdot 2 \cdot 1} = 35 \qquad\qquad _7C_4 = {}_7C_3 = 35$$

（2）花色：

组别	项目	香皂	牙膏	皂珠
一组	含三同色的	1	1	1
	不含的	7	7	7
二组	含三同色的	6	6	6
	不含的	11	10	10
三组	含三同色的	7	6	6
	不含的	3	1	1
四组	含三同色的	1	0	0
	不含的	0	0	0

这个表中只取一组的数目是不用计算就可知道的，取两组的数目两项的计算法如下：

（a）含三同色组的：本来一种花色只有一组三同色组，所以只需从三连续组中任取一组同它配合便可以了。不过 7 组当中有一组是含一（香皂和皂珠）或九（牙膏）的，若一或九被用在三同色组中，就不能再用。因此只能在 6 组中取出来配合，而得 $1 \times {}_6C_1 = 6$

（b）不含三同色组的：

就香皂说，分别计算如下：

（Ⅰ）含"一二三"组的：这只能从四，五，六，七，八，九，六个连续的自然数中任取一个三连续组同它配合，依前面的公式得 6-3+1=4。

（Ⅱ）含"二三四"组的：照同样的道理共 5-3+1=3。

（Ⅲ）含"三四五"组的：4-3+1=2。

（Ⅳ）含"四五六"组的：和（Ⅰ）中相同的不算，共是 3-3+1=1。

（Ⅴ）含"五六七"组的：和上面相同的不算，只有"七八九"一组和它相配，所以也是 1。

五项合计就得 4+3+2+1+1=11。

但就牙膏和皂珠说，（Ⅴ）这一组是取不出的，因此只有 10 组。

取三组的计算法，根据取二组的数目便可得出：

（a）含三同色组的：就香皂说，可以取（Ⅱ）到（Ⅴ）各组中的任一组和三同色组配合，所以总数是 7。在牙膏或皂珠中因为缺少（Ⅴ）这一项，所以总数只有 6。

（b）不含三同色组的：就香皂而言，可分为几项，如下：

（Ⅰ）含"一二三"组的：只有前面的（Ⅳ）和（Ⅴ）中各组相配合，所以总数是 2。

（Ⅱ）含"二三四"组的：只有前面的（Ⅴ）可配合，所以总数是 1。

两项合计便是 3。

但就牙膏或皂珠说，都只有"一二三""四五六""七八九"1 种。

至于四组的取法比较容易，不用再计算了。

九

依照雀牌的规则，一副和牌含有四组三张组，于是我们现在的问题就转化成了就前面所列的各种组别来相配。为了便于研究，用含有字组的多少来分类，这比较易于理解。

（1）四组字的

这一种很容易明白就是：$_7C_4=35$

（2）三组字的

三组字的取法共是 $_7C_3$，将每种和花色中的任一组相配就成了四组，而花色中共是 24 组，所以这种的总数是：$_7C_3 \times _{24}C_1 = 35 \times 24 = 840$

（3）两组字的

两组字的取法共是 $_7C_2$，将花色组和它配成四组，这有两种办法：

（a）两组花色相同的（同是香皂或牙膏或皂珠）；只需在两组花色的取法中，随意选取一种相配合。而两组花色相同的取法共是 6+11+6+10+6+10=49，所以配合的总数是：

$$_7C_2 \times _{49}C_1 = 21 \times 49 = 1029$$

（b）两组花色不同的：这是针对香皂、牙膏、皂珠，需要任从两种中各取一组和两组字相配合。第一步，从三种中任取两种的方法共是 $_3C_2$。而每一项取法中，各种取一组的方法都是 $_8C_1$，因此配成两组的方法是 $_8C_1 \times _8C_1$，由此便可知道配合的总数是：

$$_7C_2 \times _8C_1 \times _8C_1 \times _3C_2 = 21 \times 8 \times 8 \times 3 = 4032$$

（4）一组字的

一组字的取法共是 $_7C_1$，需将三组花色同它们配合，这便有三种配合法：

（a）三组花色相同的：三组花色相同的取法共是 7+3+6+1+6+1=24，在这 24 种中任取一组和任一组字配合的方法是：

$$_7C_1 \times _{24}C_1 = 7 \times 24 = 168 \text{ 种。}$$

（b）两组花色相同的：若是从香皂中取两组，在牙膏或皂珠中取一组，配合的方法都是 $_{17}C_1 \times _8C_1$，所以共是 $_{17}C_1 \times _8C_1 \times 2$。但若从牙膏中取两组，而在香皂或皂珠中取一组，则配合的方法都是 $_{16}C_1 \times _8C_1$，所以共是 $_{16}C_1 \times _8C_1 \times 2$。从皂珠中取两组的配法自然也是 $_{16}C_1 \times _8C_1 \times 2$，由此，这一类花色的取法共是：

$$_{17}C_1 \times {}_8C_1 \times 2 + {}_{16}C_1 \times {}_8C_1 \times 2 + {}_{16}C_1 \times {}_8C_1 \times 2$$

$$= ({}_{17}C_1 + {}_{16}C_1 + {}_{16}C_1) \times {}_8C_1 \times 2 = {}_{49}C_1 \times {}_8C_1 \times 2$$

将这中间的任一种和任一组字配合就成为四组，配合的总数是：

$$_7C_1 \times {}_{49}C_1 \times {}_8C_1 \times 2 = 7 \times 49 \times 8 \times 2 = 5488$$

（c）三组花色不同的：这只能从香皂、牙膏、皂珠中各取一组来配合成三组，所以配合法只有 ${}_8C_1 \times {}_8C_1 \times {}_8C_1$，再同一组字相配的方法是：

$$_7C_1 \times {}_8C_1 \times {}_8C_1 \times {}_8C_1 = 7 \times 8 \times 8 \times 8 = 3584$$

（5）无字组的：这一种里面，我们又可根据含香皂组数的多少来分类讨论。

（a）含四组香皂的：前面已经说过这只有 1 种。

（b）含三组香皂的：香皂的取法是 10 种，每一种都可以同一组牙膏或皂珠配合，而牙膏和皂珠取一组的方法是 ${}_{16}C_1$，所以总共的配合法是：

$$_{10}C_1 \times {}_{16}C_1 = 10 \times 16 = 160$$

（c）含两组香皂的：这有两种配合法：（Ⅰ）是同两组牙膏或皂珠相配，共是 ${}_{17}C_1 \times {}_{16}C_1 \times 2$；（Ⅱ）是牙膏和皂珠各一组相配，共是 ${}_{17}C_1 \times {}_8C_1 \times {}_8C_1$。所以总共是：

$$_{17}C_1 \times {}_{16}C_1 \times 2 + {}_{17}C_1 \times {}_8C_1 \times {}_8C_1 = 17 \times 16 \times 2 + 17 \times 8 \times 8 = 1632$$

（d）只有一组香皂的：这也有两种配合法：（Ⅰ）同三组牙膏或皂珠相配，其配合法是 ${}_8C_1 \times {}_7C_1 \times 2$；（Ⅱ）同两组牙膏、一组皂珠或一组牙膏、两组皂珠相配，其配合法是 ${}_8C_1 \times {}_{16}C_1 \times {}_8C_1 \times 2$。所以总共是：

$$_8C_1 \times _7C_1 \times 2 + _8C_1 \times _{16}C_1 \times _8C_1 \times 2 = 8 \times 7 \times 2 + 8 \times 16 \times 8 \times 2 = 2160$$

（e）没有香皂的：这有三种配合法：（Ⅰ）三组牙膏和一组皂珠配合法是 $_7C_1 \times _8C_1$。（Ⅱ）两组牙膏和两组皂珠，配合法是 $_{16}C_1 \times _{16}C_1$。（Ⅲ）一组牙膏和三组皂珠，配合法是 $_8C_1 \times _7C_1$，所以总共是：

$$_7C_1 \times _8C_1 + _{16}C_1 \times _{16}C_1 + _8C_1 \times _7C_1 = 56 + 256 + 56 = 368$$

到了这里我们可以算一笔四组配合法的总账，也不过是一个小学生都会算的加法。虽然如此，还得写出来：

$$35 + 840 + 1029 + 4032 + 168 + 5488 + 3584 + 1 + 160 + 1632 + 2160 + 368 = 19497$$

到这里百尺竿头，只差一步了。在这 19497 种中各配上一个对子，便成了和牌。

十

就所有材料说，总共有 11 个对子，倘使材料可以自由使用，因为每一种四个三张组同在一对相配都成一副和牌，所以总数应当是：

$$19497 \times _{11}C_1 = 214467$$

然而这 214467 副牌中有些又是取不出来的了。在三同色组中被取到的，那一色的对子便没有。而含有香皂"五六七""六七八""七八九"中的一组的，香皂七的对子也没有了。这么一来，配对子上去也是个费工夫的事呀。因为这个原因，计算配对子的方法还得像前面一样分别研究。由于字的变化比较少而且规则单纯，所以仍然以含字组的数目为标准来分类。

（1）四组字的

在这一种里面，因为用了四种字，所以每副只有 3 个字对子可配合，但 4 种花色对子却全可配上去。因此每种都有 7 个对子，即可配成七副和牌，总共可成的和牌数便是：

$$_7C_4 \times 7 = 35 \times 7 = 245$$

（2）三组字的

这一种里面，因为用了三种字，所以字对子每副只有 4 个可配，而花色对子的配合法比较复杂，得另找一个头绪计算。单就配字对子的组合分析，总数是：

$$_7C_3 \times _{24}C_1 \times 4 = 840 \times 4 = 3360$$

凡是含有香皂或牙膏或皂珠的三同色组的，其对应花色的对子便不能有，所以每副只有 3 个花对子可配合。而含三字组同着一组花色三同色组的，共是 $_7C_3 \times 3$，因此可配成功的和牌数是：

$$_7C_3 \times 3 \times 3 = 35 \times 9 = 315$$

凡不含香皂、牙膏和皂珠的三同色组的，一般说来，每副都有 4 个花色对子可配；只有含香皂"五六七""六七八""七八九"三组中的一组的，会缺一个香皂的对子七。花色的三连续组取一组的方法共是 $_{21}C_1$，和字三组的配合法便是 $_7C_3 \times _{21}C_1$，将花色对子分别配上去的总数是 $_7C_3 \times _{21}C_1 \times 4$，而其中有 $_7C_3 \times _3C_1$ 种是含有香皂七的，需要减掉一对可配的对子，所以这一种能够配成和牌的数目是：

$$_7C_3 \times _{21}C_1 \times 4 - _7C_3 \times 3 = 35 \times 21 \times 4 - 35 \times 3 = 2835$$

（3）两组字的

这一种里面，依前面所说过的同一理由，每一副有 5 个字对子可配合，这样配成的和牌的数目是：

$$(_7C_2 \times _{49}C_1 + _7C_2 \times _8C_1 \times _8C_1 \times _3C_2) \times 5 = (1029 + 4032) \times 5 = 25305$$

对于花色对子的配合，因为所含花色的三只组的情形不同，可分成以下三种情况：

（a）含一组香皂或牙膏或皂珠的三同色组的，一般来说有 3 个花色对子可配，而三只组的配合法是：（Ⅰ）两组花色相同的有 $_7C_2 \times _{18}C_1$。（Ⅱ）两组花色不同的有 $_7C_2 \times 1 \times _7C_1 \times _3C_2$。总共就是 $_7C_2 \times _{18}C_1 + _7C_2 \times 1 \times _7C_1 \times _3C_2$，再将 3 个花色对配上去，共是：

$$(_7C_2 \times _{18}C_1 + _7C_2 \times 1 \times _7C_1 \times _3C_2) \times 3 = 2457$$

不过含有香皂七的，依然少一对可配合，应当从 2457 中将这个数减去。应当减去 $_7C_2 \times _3C_1 \times _3C_1 = 189$，其中第一个 $_3C_1$ 代表花色中三同色组取一组的方法，第二个 $_3C_1$ 代表香皂中的"五六七""六七八""七八九"三个三连续组取一组的方法，所以这一情况下总共可配成的和牌数是 2457－189=2268

（b）含两组香皂、牙膏、皂珠三同色组的，每副只有 2 个花色对子可配合，可配成的和牌数是：$_7C_2 \times _3C_2 \times 2 = 126$

（c）不含香皂、牙膏、皂珠等三同色组的，一般来说有 4 个花色对子可配合，其总数是：

$$(_7C_2 \times _{31}C_1 + _7C_2 \times _7C_1 \times _7C_1 \times _3C_2) \times 4 = 14952$$

这里面自然也要减去没有香皂七的对子可配合的数。其数目为：（Ⅰ）两组花色相同的有 $_7C_2 \times 10 = 210$，因为在香皂中，不含三同色组的两组的取法虽有 11 种，而除了"一二三，四五六"一种外都是含有香皂七的；（Ⅱ）两组花色不同的有 $_7C_2 \times _3C_1 \times _7C_1 \times 2 = 882$，其中，$_3C_1$ 是从香皂的"五六七""六七八""七八九"三组中取一组的方法，$_7C_1$ 是从牙膏或皂珠中取一组三连续的方法，而对于牙膏和皂珠的情形完全相同，因此用 2 去乘。总共应当减去的数是 210+882=1092，所以这种情况下的和牌数是：14952-1092=13860

（4）一组字的

这一种里面，每一副都有 6 个字对子可以配合，这样配成的和牌总数是：

$$(_7C_1 \times _{24}C_1 + _7C_1 \times _{49}C_1 \times _8C_1 \times 2 + _7C_1 \times _8C_1 \times _8C_1 \times _8C_1) \times 6 = 55440$$

至于配搭花色对子，也需分别研究，共有四种情况：

（a）含一组香皂或牙膏或皂珠三同色组的，一般来说有 3 个花色对子可配合。而含一组花三同色组的取法，又可分为三类：（Ⅰ）三组花色相同的，共有 $_7C_1 \times _{19}C_1$。（Ⅱ）两组花色相同的，共有 $_7C_1 \times _{18}C_1 \times _7C_1 \times 2 + _7C_1 \times _{31}C_1 \times 1 \times 2$。（Ⅲ）花色都不同的，共有 $_7C_1 \times _3C_1 \times _7C_1 \times _7C_1$，因此，可以配成和牌的数目是：

$$(_7C_1 \times _{19}C_1 + _7C_1 \times _{18}C_1 \times _7C_1 \times 2 + _7C_1 \times _{31}C_1 \times 1 \times 2 + _7C_1 \times _3C_1 \times _7C_1 \times _7C_1) \times 3 = 10080$$

在（Ⅰ）中所有和香皂配合的，都没有香皂七的对子可配，需从（Ⅰ）里减去 $_7C_1 \times _7C_1$，在（Ⅱ）中含两组香皂的有 $_7C_1 \times _3C_1 \times _7C_1 \times 2 + _7C_1 \times _{10}C_1 \times 1 \times 2$ 种香皂七的对子不能配合，而含牙膏或皂珠两组的各有 $_7C_1 \times _6C_1 \times _3C_1$ 种不能和它配合，所以（Ⅱ）里应减去 $_7C_1 \times _3C_1 \times _7C_1 \times 2 + _7C_1 \times _{10}C_1 \times 1 \times 2 + _7C_1 \times _6C_1 \times _3C_1 \times 2$。在（Ⅲ）中含有牙膏或皂珠三同色组的各有 $_7C_1 \times _7C_1 \times _3C_1$ 种不能和它配合，因此应从（Ⅱ）里减去 $_7C_1 \times _7C_1 \times _3C_1 \times 2$，以上三种情况总共应当减去

$$_7C_1 \times _7C_1 + _7C_1 \times _3C_1 \times _7C_1 \times 2 + _7C_1 \times _{10}C_1 \times 1 \times 2 + _7C_1 \times _6C_1 \times _3C_1 \times 2 + _7C_1 \times _7C_1 \times _3C_1 \times 2 = 1029$$

因而这一情况下可配成的和牌数是：10080-1029=9051

（b）含两组香皂、牙膏和皂珠三同色组的，一般来说只有 2 个花色对子可配合。这当中，四组三张组的配合法，可以这样设想：由花色的三组三同色组取两组，其取法为 $_3C_2$，而在各三连续组中取一组，其取法为 $_{19}C_1$。因为三种花色中虽共有 21 组三连续组，但某两种花色若取了三同色组就各缺了一组三连续组，所以只有 19 组可用。合计起来总共的和牌配合法是：$_7C_1 \times _3C_2 \times _{19}C_1 \times 2=798$

这里面应当减去不能和香皂七对子相配合的数是：$_7C_1 \times _3C_2 \times _3C_1=63$

所以可配成的和牌数是：798-63=735

（c）含三组香皂、牙膏和皂珠三同色组的，这只有香皂七的对子可配合。和牌的数是：

$_7C_1 \times 1=7$

（d）不含香皂、牙膏，以及皂珠的三同色组的，一般来说有 4 个花色对子可配合。这也可分成三种情况研究：（Ⅰ）三组花色相同的，共是 $_7C_1 \times _5C_1$。（Ⅱ）两组花色相同的，共是 $_7C_1 \times _{31}C_1 \times _7C_1 \times 2$。（Ⅲ）三组花色不同的，共是 $_7C_1 \times _7C_1 \times _7C_1 \times _7C_1$。因此同对子搭配起来总共是：

$(_7C_1 \times _5C_1 + _7C_1 \times _{31}C_1 \times _7C_1 \times 2 + _7C_1 \times _7C_1 \times _7C_1 \times _7C_1) \times 4=21896$

所应当减去的：在（Ⅰ）中是 $_7C_1 \times _3C_1$，因为含三组香皂的，香皂七的对子都不能与之配合，而且也只有这些不能；在（Ⅱ）中含两组香皂的有 $_7C_1 \times _{10}C_1 \times _7C_1 \times 2$ 不能和它配合。含其他两组同花色的，各有 $_7C_1 \times _{10}C_1 \times _3C_1$ 种不能同它配合，共是 $_7C_1 \times _{10}C_1 \times _7C_1 \times 2 + _7C_1 \times _{10}C_1 \times _3C_1 \times 2$；在（Ⅲ）中共有 $_7C_1 \times _7C_1 \times _7C_1 \times _3C_1$ 不能和它配合，所以总共应当减去的数是：

$_7C_1 \times _3C_1 + _7C_1 \times _{10}C_1 \times _7C_1 \times 2 + _7C_1 \times _{10}C_1 \times _3C_1 \times 2 + _7C_1 \times _7C_1 \times _7C_1 \times$

$_3C_1$=2450

在这种情况下可配成的和牌数是：21896-2450=19446

（5）无字组的

这一种里面，每副都有 7 个字对子可配合，这是显而易见的，这里仍依从前面的分类法研究下去：

（a）含四组香皂的：7 个字对子和 2 个花色对子（牙膏的和皂珠的）可配合，所以总共可配成的和牌数是：

$1 \times (7+2) =9$

（b）含三组香皂的

（Ⅰ）字对子的配法是 $_{10}C_1 \times _8C_1 \times 2 \times 7$=1120

（Ⅱ）花色对子的配法，因为含有三组香皂，所以香皂七的对子都不能相配，若只含一组三同色组的，有 2 个花色对子可配，这样的数是 $(_7C_1 \times _7C_1 \times 2 + _3C_1 \times 1 \times 2) \times 2$。若含两组三同色组的只有 1 个花色对子可配合，这样的数目是 $_7C_1 \times 1 \times 2 \times 1$，因此总共的和牌数是：

$$(_7C_1 \times _7C_1 \times 2 + _3C_1 \times 1 \times 2) \times 2 + _7C_1 \times 1 \times 2 \times 1 = 222$$

至于不含三同色组的，却有 3 个花色对子可配，而和牌总共的数目是：

$$_3C_1 \times _7C_1 \times 2 \times 3 = 126$$

合计起来这一情况下的配法共是：222+126=348

（c）含两组香皂的

（Ⅰ）字对子有 7 个可配，所以和牌的数目是：

$$(_{17}C_1 \times _{16}C_1 \times 2 + _{17}C_1 \times _8C_1 \times _8C_1) \times 7 = 11424$$

（Ⅱ）花色对子的配合还得再分类研究。

（α）含有一组三同色组的，只有 3 个花色对子可配合，总数是：

$$(_6C_1 \times _{10}C_1 \times 2 + _6C_1 \times _7C_1 \times _7C_1 + _{11}C_1 \times _6C_1 \times 2 + _{11}C_1 \times 1 \times _7C_1 \times 2) \times 3 = 2100$$

而应当减去的数是：

$$_3C_1 \times _{10}C_1 \times 2 + _3C_1 \times _7C_1 \times _7C_1 + _{10}C_1 \times _6C_1 \times 2 + _{10}C_1 \times _7C_1 \times 1 \times 2 = 467$$

所以这种情况的和牌数是：2100-467=1633

（β）含有两组三同色组的，一般来说，只有 2 个花色对子可配合，其中自然也应减去香皂七的对子所不能配合的，故和牌的总数是：

$$(_6C_1 \times _6C_1 \times 2 + _6C_1 \times 1 \times _7C_1 \times 2 + _{11}C_1 \times 1 \times 1) \times 2 - (_3C_1 \times _6C_1 \times 2 + _3C_1 \times 1 \times _7C_1 \times 2 + _{10}C_1 \times 1 \times 1) = 246$$

（γ）含有三组三同色组的，其中只有不含香皂七的可以同香皂七的对子配合成和牌，这样的数目是：$_3C_1 \times 1 \times 1 = 3$

（δ）不含三同色组的，一般来说有 4 个花色对子可配合，但也应当减去香皂七的对子所不能配合的，这种情况和牌的总数是：

$$(_{11}C_1 \times _{10}C_1 \times 2 + _{11}C_1 \times _7C_1 \times _7C_1) \times 4 - (_{10}C_1 \times _{10}C_1 \times 2 + _{10}C_1 \times _7C_1 \times _7C_1) = 2346$$

以上四类所得的总数是：1633+246+3+2346=4228

（d）一组香皂的

（Ⅰ）字对子也是 7 个都可以配合，所以这样的和牌数是：

$$(_8C_1 \times _7C_1 \times 2 + _8C_1 \times _{16}C_1 \times _8C_1 \times 2) \times 7 = 15120$$

（Ⅱ）花色对子的配合：

（α）含一组三同色的

$$(1 \times 1 \times 2 + 1 \times _{10}C_1 \times _7C_1 \times 2 + _7C_1 \times _6C_1 \times 2 + _7C_1 \times _6C_1 \times _7C_1 \times 2 + _7C_1 \times _{10}C_1 \times 1 \times 2) \times 3 - (_3C_1 \times _6C_1 \times 2 + _3C_1 \times _6C_1 \times _7C_1 \times 2 + _3C_1 \times _{10}C_1 \times 1 \times 2)$$

=2514

这里第一个括弧中的前两项表示香皂取一组三同色的。而第一项是和牙膏或皂珠三连续组的三组配合，第二项是在牙膏或皂珠中取三连续组两组和其他一种中的一组三连续组配合。前两顶中香皂七的对子都配得上去。后三项是香皂取一组三连续组而和牙膏或皂珠的一组三同色组及别的两组配合，所以这其中有些是香皂七的对子不能配的，应当减去。

（β）含两组三同色组的，一般的只有 2 个花色对子可相配，配合的情形依前一种可类推，和牌的总数是：

（ $1 \times_6 C_1 \times 2+1 \times_6 C_1 \times_7 C_1 \times 2+1 \times_{10} C_1 \times 1 \times 2+_7 C_1 \times_6 C_1 \times 1 \times 2$ ）× $2-_3 C_1 \times_6 C_1 \times 1 \times 2=364$

（γ）含三组三同色组的，这自然只有香皂七的对子可以配合了，和牌数是

$1 \times_6 C_1 \times 1 \times 2=12$

（δ）不含三同色组的，一般来说有 4 个花色对子可配合，其中也应当减去香皂七的对子所不能配合的，所以和牌的总数是：

（ $_7 C_1 \times 1 \times 2+_7 C_1 \times_{10} C_1 \times_7 C_1 \times 2$ ）× $4-$（ $_3 C_1 \times 1 \times 2+_3 C_1 \times_{10} C_1 \times_7 C_1 \times 2$ ）$=3550$

以上四类共是 2514+364+12+3550=6440

（e）没有香皂的：这一项里每副 7 个字对子和 2 个香皂的对子都可以去配合，这样的和牌数目共是：（ $_7 C_1 \times_8 C_1 \times 2+_{16} C_1 \times_{16} C_1$ ）×（7+2）=3312

此外，就只剩牙膏或皂珠的对子的配合了。只含一组三同色组有 1

个对子可配合，一组不含的有 2 个对子可配合，所以和牌的数目是：

$$\left({}_6C_1 \times {}_7C_1 \times 2 + 1 \times 1 \times 2 + {}_6C_1 \times {}_{10}C_1 \times 2 \right) \times 1 + \left(1 \times {}_7C_1 \times 2 + {}_{10}C_1 \times {}_{10}C_1 \right) \times 2 = 434$$

分析到这儿，相信读者大概已是头昏脑胀了，但是恭喜，恭喜，我们现在所差的只是将这些"分户账"总结一下，这不过是一个难度中等的复杂加法而已。

所谓棕榄谜，究竟有多少猜法？要知谜底请看下面：

245+3360+315+2835+25305+2268+126+13360+55440+9051+735+7+19446+9+1120+348+11424+4228+15120+6440+3312+434=175428

这 175428 副和牌，还是单就雀牌的正规玩法计算的。一般玩雀牌的人，还有和十三幺的讲究，在西南几省还有和七对的。

所谓十三幺，照棕榄谜说就是一副牌中，棕、榄、香、皂、珂、路、辦，香皂一、九，牙膏一、九，和皂珠一、九，十三只都有而且有一张成对。在所绘的材料中除香皂九、牙膏一，和皂珠九不能成对外还有十种可以成对，所以十三幺的和法共有 10 种。

至于七对的和法，因为总共有 12 个对子可以做成——棕、榄、香、皂、珂、路、香皂一、香皂七、牙膏九、皂珠一各 1 对，辦 2 对。——所以和法共是：

$$_{12}C_7 = {}_{12}C_5 = \frac{12 \cdot 11 \cdot 10 \cdot 9 \cdot 8}{5 \cdot 4 \cdot 3 \cdot 2 \cdot 1} = 792$$

将这三种和法合起来，和牌的副数便是：

175428+10+792=176230

倘若读者刚读完题目后预先想到一个答数，看到这里就得到了比较，我且问你，正确的答案和你预估的相差多少？

十一

现在我们可以分析参加游戏者猜的情况了。

照它的游戏规则，每人以四猜为限，你若规规矩矩地猜了四猜寄去，你的希望不过是：

$$\frac{4}{176230} = \frac{1}{44058} 弱$$

就是四万四千零五十八分之一还不到，从概率上来看，这实在太微弱了。

你也许可以这样想，我们可以通过揣摩公司的心理来使猜中的可能性变大。但是倘若该公司排定的和牌并非偶然，而是有什么用意，可以被别人揣摩到，那么能猜中的人就一定不少。照它的游戏规则所规定的，"赠品仅以十台为限，如猜中者超过十人，则再用抽签法决定"，所以即使你猜中了，得奖的希望还是不大。按少数说，比如有二十个人猜中，那么你也不过有一半的胜率。因为从二十个人中抽出十个人的方法总共是 $_{20}C_{10}$，能够抽到你的机会是 $_{19}C_9$，你的机会便是：

$$_{19}C_9 / _{20}C_{10} = \frac{19!}{9!10!} \div \frac{20!}{10!10!} = \frac{19!}{9!10!} \times \frac{10!10!}{20!} = \frac{1}{2}$$

是的，一半的希望本不算小，但由揣摩心理去猜中，这是多么渺茫呵！

事情的成功本来有两条路，一是"碰"，二是"干"。你猜四猜希望能中，这是"碰"；"碰"的希望如此小，你也许会想到，既然数目是确定的，不妨硬干，用四万四千零五十八个名字将各种和牌都猜去，自然一定会中的。然而，朋友，你别忙着开心，这一来不可能，二来即使可能也倒霉。

为什么不可能？

总共十七万六千二百三十副和牌，照它的规定，要你从图上将捡出的十四张牌剪贴在参赛券上。就算你动作迅速，两分钟可以剪贴成一张，你也很勤奋，每天可以连续不断地剪贴十二个小时，我们来算算看。

两分钟剪贴一张，一小时可剪贴三十张，一天工作十二小时，总共也不过可剪贴三百六十张。要全部剪贴完，就要四百八十九天六小时二十分钟。即使你每天都不中断，也需要一年四个多月才可做完。然而游戏的截止日期是本年九月十日，怎么能完成呢？

为什么也有可能倒霉？

依游戏规则，每一猜需附寄大号棕榄香皂绿包纸及黑纸带各一。这就是说你要猜一条就得买一块大号棕榄香皂，所以你要将所有可能者猜个遍，需得买十七万六千二百三十块。照平常的价钱每块香皂要二角六分，就算你买得多打对折也要一角三分，那么总共就要二万二千九百零九元零九分，你有这么多的闲钱吗？再进一步想，公司将香皂这样卖给你，每块不过赚你一分洋钱，全部算下来他也就赚了一千七百六十二元三角。什么最新式落地收音机值这个价格，你还不如自己买来省事！

朋友 F 君说：绿包纸及黑纸带可以想方设法去收集，一个铜元一副。好，那就按这么办！十七万六千二百三十个铜元，照上海现在的行情说，算是三百个铜元一块钱，也要五百八十七元四角三分，而你还用四万多个信封，总共这些钱还不够自己买一台收音机吗？

硬干，可能，你说用得着倒天下的大霉吗？

还有一点我在前面忘了写出来，就在这里补上吧。

上面所计算的和牌的数目十七万多，这还只是就每副牌所包含的十四张的情形说的。游戏规则说，参加游戏者亦可在五十六张中捡出十四张"排"成和牌一副，如与本公司所"排定"的和牌"完全"相同……假如这项规定的本意不但要你猜中他所"排定"那一副和牌是用哪十四张，而且还需将顺序"排"贴得一致，那么，朋友，这个数目可够你算了。一副和牌排法最多的，就是十四张中除一个对子外都不相同的，它的排法是：

$$\frac{_{14}P_{14}}{_2P_2} = \frac{14!}{2!} = 7 \times 13! = 435891456$$

而最少的——含有四组三同色组和一对的——也有十六万八千一百六十八种排法。

$$\frac{_{14}P_{14}}{_3P_3 \cdot _3P_3 \cdot _3P_3 \cdot _3P_3 \cdot _2P_2} = \frac{14!}{3!3!3!3!2!} = 168168$$

十七万多副和牌的排法共有多少，这个数不是够你算了吗？即使算了出来，你能将算法说清楚吗？

假如棕榄公司的经理是要你"排"得"完全"和他"排定"的相同，你要去猜，猜中的几率岂不是如大海捞针吗？

道理虽说如此，但将来总有十个人能够将那"最新式落地收音机"摆在自己家里，然而这又是数学以外的问题了。

九

韩信点兵

说起来已将近三十年了，那时我还只有八岁，常常随着我的祖父去会见他的老友。有一次我们到一个小盐商家去，他一见我们祖孙俩走到摊头，便一边拉长板凳，一边向祖父说：

——请坐，请坐，好福气，四孙少爷这般大了。

——什么福啊！奔波劳碌的命！

——哪里，哪里，四孙少爷已经上学了吧？

——不要这般叫，孩子们，——今年已随着哥哥进学校了，在屋里淘气得很，还是去找个管头好。说完，祖父微笑着抚摸我的头。接着，盐老板和他说了一些古话，不知怎地，话头儿突然却转到了我的身上：

——在学校里念些什么书？

——国文、算术……我这样回答。

——还学算吗？好，给你算一个题，若算得出，我请你吃晚饭。

这使我有点儿好奇，心里猜不透他是叫我算乘法还是除法。我又有些惊恐，怕他叫我算四则问题，我目不转睛地看着他，他不慌不忙地说了出来：

——三个三个地数剩两个，五个五个地数剩三个，七个七个地数也剩两个，你算总数是几个？

我一听心里非常高兴，暗地里还有点儿骄傲："这样的题目，哪个不会算！"当时我正好学完公倍数、公约数，而且不久前还算过这样一个题目：

"某数以三除之余二，以四除之余三，以五除之余四，以六除之余五，问某数最小是多少？"

我认为这两个题目算法是一样的，它们都是用几个数去除一个数全除不尽。这第二个题的算法我记得十分清楚，所以我觉得回答起来很有把握。不但这样，而且我觉得这位老板的问题有些不通，他只问我一个最小的答数。当我在心里这样寻思的时候，祖父便问道：

——算得出吗？

——算得出，不只一个答数。我这样回答以后，那位老板就恭维起我来了，对着祖父说：

——真好福气！一想就想出来了，将来一定比大老爷还强。

祖父又是一阵客气，然后对着我说：

——你说一个答数看。

我所算过的题，解起来是先求出三，四，五，六四个数的最小公倍数"六十"，然后减去"一"得"五十九"。我于是按

着同样的思路先求三，五，七三个数的最小公倍数，心里暗想着
"三五一十五，七五三十五，一百零五"。接下来就是要减去一个数
了。我算过的题因为"以三除之余二"是差个一（3-2=1）就除尽，所
以要减去"一"。这位老板的题目是"三个三个地数剩两个"，正是
一样，也只要减去"一"，所以我就从一百零五当中减去一，而立刻
回答道：

——最小的一个数是一百零四，还有二百零九（104+105=209）
也是。

这时，我的内心感到得意和快乐，我期望着老板的夸奖。岂知他的
回答出乎我的意料之外！他说：

——一百零四，五个五个地数剩的是四个，不是三个。

这我怎么没想到呢？于是我想，应当从一百零五当中减去二（5-
3=2），我就说：

——一百零三。

——三个三个的数只剩一了。

我感到窘迫极了，居然遭遇到了这么大的失败！在我小时学数学，
所遇到的窘迫，这是最大的两次当中的一次，在人的面前失败，使我
觉得非常害羞。我记得很清楚，当时我一只手扯着衣角，一只手捏紧拳
头，脸上如火烧一般，低着头，尽管在心里转念头，把我所算过的题目
都想到。但是徒然，和它相像的题目一个也没有了。我后来下定决心，
胆大地说：

——恐怕题目出错了吧！

然而得到的是一个使我更加窘迫的回答：

——不错的。连我的祖父也这样说。

急中生智，我居然找到了一条新路，我想既然三个去除剩两个，五个去除剩三个，那我可以先找三个去除剩两个的一些数，再一个一个地拿五去除来检验。这真是一条光明的路！第一个我想到的是"五"，这自然不对，用五去除并没有剩的。接着想到的是"八"，正好用三去除剩二，用五去除剩三。我真喜出望外：

——八！

——还是不对，七个七个地数，只剩一个。

这真叫我走投无路了！那天的晚饭虽然仍是那位老板留我们吃，但当祖父答应留在那里的时候，我十分失落，眼巴巴地望着他希望他能领我回家，当时我脸上真是热一阵冷一阵的，哪儿还有心思吃饭！我想得头都胀了，仍是想不出答案。羞愧、气闷，因而还有些恼怒，满心充塞着这些滋味，没精打采地在夜里跟随祖父回家。我的祖父对我很慈爱，但督责也很严厉，他在外面虽不曾向我说什么，一到家里，他便开始教训我了：

——读书要用心……在别人的面前不好夸口……"宁在人前全不会，勿在人前会不全！"小小年纪晓得些什么？别人问到就说不知道好了……这时他脸上的神情除了严肃还带有几分生气。他教训我时，我的母亲、婶母、哥哥都在旁边，后来他慢慢地将今日之事说给他们听，我的哥哥听他说完了题目便脱口而出：

——二十三。

我非常不服气，

——别人告诉过你的！

——还这样不上进。祖父真生气了。

从那夜起，直到后面的两三天，我见到祖父就怕，我任何时候都在想这个题的算法，弄得吃、玩、睡都惝悦。最终还是我的哥哥将算这个题目的秘诀告诉了我，而且说，这叫"韩信点兵"。虽然在那段时间我对这道题十分懊丧，后来却慢慢地把它抛到了脑后。

现在想起来，那次遭遇以及祖父所给我的教训实在是我的年龄不应当承受的。不过这样的硬教育，对于我也有很大的帮助，我对于数学能有较浓厚的兴趣，一半固然来自别人所给的积极的鼓励；而一半也来自这些我所承受不起的遭遇和教训。数学有时会叫人头痛，然而经过一次头痛，就有一次进步。这次的遭遇，对于题目本身，我自己虽是一无所得，但对于思索问题的途径，确实得到了不少启示。在当时，有些自以为有了理解的，虽也不免不切实际或错误，但毕竟增长了一些趣味和能力。因此我愿带着十二分的诚意，将这段经过叙述出来，以慰勉一部分和我有类似遭遇的读者。

现在我们言归正传。

所谓"韩信点兵"，指是的那位盐老板给我出的题目的算法。"韩信点兵"这个名词虽是到了明时程大位的《算法统宗》才见到的，但这个问题在中国数学史上却来头不小，到了卖盐老板都知道的程度，也可以当得起"妇孺皆知"的荣誉了。

这题目最早见于《孙子算经》，《孙子算经》是什么时候什么人所作的书，现在虽然难以考证，但可以确定大约是二千多年前的作品。在《孙子算经》上，这题目原是这样的：

"今有物不知数，三三数之，剩二；五五数之，剩三；七七数之，剩二，问物几何？"

在原书本归在《大衍求一术》中，到了宋时，周密的书中却有《鬼谷算》和《隔墙算》的名目，而杨辉又将其称为"剪管术"，在那时便有"秦王暗点兵"的俗名，大约韩信就是从秦王变来的，至于"明点""暗点"实际并没有多大关系。

原书上，跟着题目便有下面的一段：

"答曰二十三。"

"术曰：三三数之剩二，置一百四十；五五数之剩三，置六十三；七七数之剩二，置三十。并之，得二百三十三，以二百一十减之，即得。"

"凡三三数之剩一，则置七十；五五数之剩一，则置二十一；七七数之剩一，则置一十五；一百六以上，以一百五减之，即得。"

后一小段可以说是这类题的一般算法，而前一小段则是本问题的解答，用现在的式子写出来便是：

$70 \times 2 + 21 \times 3 + 15 \times 2 = 140 + 63 + 30 = 233$

$233 - 105 \times 2 = 233 - 210 = 23$

前面的说明方式，难免显得士大夫气很重，也可以说是讲义体，一般人当然很难明白，但到了周密的书中便有了诗歌形式的说明，那诗道：

"三岁孩儿七十稀，五留廿一事尤奇。

七度上元重相会，寒食清明便可知。"

这诗虽然容易记诵，但意义不明，而且解释得也欠周到。到了程大位，它就完全换了面目：

"三人同行七十稀，五树梅花廿一枝。

七子团圆月正半，除百零五便得知。"

这诗流传得非常广，即使是卖盐老板之流也都知道，而我的哥哥所告诉我的秘诀就是它。

是的，知道了它，这类的题目便可以迎刃而解了，用三除所得的余数去乘七十五，五除所得的余数去乘二十一，七除所得的余数去乘十五，再把这三项乘积相加。如所得的和比一百零五小，则这个数就是所求的答数；否则，就要减去一百零五的倍数，而得出比一百零五小的数来——这里所要求的只是一个最小的答案——例如三三数之剩一，五五数之剩四，七七数之剩三，那么，运算的步骤便是：

$70 \times 1 + 21 \times 4 + 15 \times 3 = 70 + 84 + 45 = 199$

$199 - 105 = 94$

若单只就日常使用或游戏而言，熟记这秘诀已够用了。至于它的由来，一般人哪儿管这么多？但就数学的立场来说，这种知其然而不知其所以然的态度却没有多大价值，即使熟记这秘诀，所能应付的问题也不过一百零五个，因为只限于三三，五五，七七三种数法。我们完全可以默记这一百零五个答数，可如若是这样，那就无意味了。（见附注）

所以我们第一要问，为什么这样就是对的？

要说明其中的理由，我们先记起算术里面关于倍数的两个定理：

（一）某数的倍数的倍数，还是某数的倍数——这正如我的哥哥的哥哥还是我的哥哥一般。

（二）某数的若干倍数的和，还是某数的倍数——这正如我的几个哥哥坐在一起，他们仍然是我的哥哥一般。

依照这两个定理来检验上面的算法，设 R_3 表示用三除所得的余数，R_5 和 R_7 相应地表示用五除和用七除所得的余数，那么：

（一）七十是五和七的倍数，而是三的倍数多一，所以用 R_3 去乘仍是五和七的倍数，而是三的倍数多 R_3。

（二）二十一是七和三的倍数，而是五的倍数多一，所以用 R_5 去乘仍是七和三的倍数，而是五的倍数多 R_5。

（三）十五是三和五的倍数，而是七的倍数多一，所以用 R_7 去乘仍是三和五的倍数，而是七的倍数多 R_7。

（四）所以这三项相加，就三说，是

$70 \times R_3 + 21 \times R_5 + 15 \times R_7 = 3$ 的倍数 $+R_3+3$ 的倍数 $+3$ 的倍数 $=3$ 的倍数 $+R_3$。

若用三去除所得的余数正是 R_3。就五说，是

$70 \times R_3 + 21 \times R_5 + 15 \times R_7 = 5$ 的倍数 $+R_5+5$ 的倍数 $+5$ 的倍数 $=5$ 的倍数 $+R_5$。

若用五去除所得的余数正是 R_5。就七说，是

$70 \times R_3 + 21 \times R_5 + 15 \times R_7 = 7$ 的倍数 $+R_7+7$ 的倍数 $+7$ 的倍数 $=7$ 的倍数 $+R_7$。

若用七去除所得的余数正是 R_7。

这就可以证明我们如法炮制出来的数是符合题意的。至于在结果比一百零五大的时候，要减去它的倍数，使得数小于一百零五，这是因为适合于题目的答数本来是无穷的，只得取最小的一个数代表的缘故。一百零五本是三、五、七的最小公倍数，在这最小的答数上加入它的倍数，这和除得的余数无关。

经过上面的证明，我们可以肯定上面的算法是对的。但这还不够，我们还要问，那七十，二十一，和十五三个数有着怎样的性质？

七十是五和七的公倍数，而二十一是七和三的最小公倍数，十五是三和五的最小公倍数，为什么其中两个是最小公倍数而另一个却只是公倍数呢？

这个问题并不难回答，因为不论是二十一用五除，还是十五用七除都恰好剩一，而五和七的最小公倍数"三十五"用三除剩的却是二，七十用三除才剩一。所以这个解法的要点，是要求出三个数来，使得每一个都是三个除数中的两个的公倍数——最小公倍数是碰巧的——而同时是它一个除数的倍数多一。

这样，就到了第三步，我们要问，能满足这种条件的数怎么求出来呢？

这里且将清时黄中宪所编的《求一术通解》里的方法摘抄在下面，我们来认识认识中国数学书的面目，也是一件趣事。

一行泛母 ⫴	析母 ⫴	定母 ⫴		衍数 ⫴⫶
二行泛母 ⫼	析母 ⫼	定母 ⫼	衍母 IOI⫼	衍数 ⊢⊦
三行泛母 ⊤	析母 ⊤	定母 ⊤		衍数 ☰

"三位泛母都是数根，不可拆，即为定母。连乘，得 105 为衍母。以一行三除之，得三十五为一行衍数；以二行定母五除之，得二十一为

二行衍数；以三行定母七除之，得十五为三行衍数。"

这里所谓泛母，不用解释，便能明白，析母就是将泛母分成质因数。至于定母，便是各泛母所单独含有的质因数的积。若是有一个质因数是两个以上的泛母所共有的，那么只有含这个质因数的个数最多的泛母用它；若是两个泛母所含这质因数的个数相同，那么随便哪一个泛母都可以用它。——注意后面的另一个例子——衍母是各定母的连乘积，也就是各泛母的最小公倍数，衍数是用定母除衍母所得的商。

得到定母和衍数，就可以求乘率。所谓乘率便是乘了衍数所得的积恰等于泛母的倍数多一的数，而这个乘积则称为用数。求乘率的方法，在《求一术通解》里面是这样说的：

"列定母于右行，列衍数于左行（左角上预寄一数），辗转累减，至衍数余一为止，视左角上寄数为乘率。

"按两数相减，必以少数为法（法是减数），多数为实（实是被减数）。其法上无寄数者，不论减若干次，减余数上仍以一为寄数（1）。其实上无寄数者，减作数上，以所减次数为寄数（2）。其法实上俱有寄数者，视累减若干次，以法上寄数亦累加若干次于实上寄数中（3），即得减余数上之寄数矣。"

照这个法则，我们来求所要的各乘率。为了容易明白，我将原式的中国数字改成了阿拉伯数字：

定母 3	3	1^1	
衍数 ^{1}35	^{1}2	^{1}2	^{2}1

所以乘率是 2。

定母 5	
衍数 ^{1}21	^{1}1

所以乘率是 1。

定母 7	
衍数 ¹15	¹1

所以乘率是1。

依原书所说，是用累减法，但累减便是除，为什么不直接说除，而要说是累减呢？这是因为最后衍数这一行必要保留一个余数———所以即使除得尽也不许除尽。因此说除不如说累减更恰当。但在此说明，还是用除容易些。我们就用除法来检查这个计算法。如第一式，衍数35左角上的1，就是所谓预寄的一数，表示用一个衍数的意思。因为定母3比衍数35小，用3（法）去除35（实）得11剩2。按（1）的规则法上无寄数时，则仍以1为余数2的寄数，所以2的左角上写1。接着以2（法）除3（实）得1（商）剩1。按（2）的规定实上无寄数时，则以所减次数（即商数）为余数的寄数，所以1的右角上还是1。再用这1（法）去除2（实）本来是除得尽的，但应当保留余数1，因此只能商1而剩1。按（3）的规则法实都有寄数时，则应当以商数1乘法数1的寄数1，加上实数2的寄数1得2，为余数1的寄数，而它便是乘率。

第一次的余数 2=35-3×11

第二次的余数 1=3-2×**1**=3- 第一次的余数 ×**1**=3-1-（35-3×11）×**1**

第三次的余数 1=2-1×**1**

$$= 第一次的余数 - 第二次的余数 ×1$$

$$=35-3×11-[3-（35-3×11）×\mathbf{1}]×\mathbf{1}$$

$$=35-3×11-3×\mathbf{1}+35×\mathbf{1}+3×11×\mathbf{1}×\mathbf{1}$$

$$=35×（1+\mathbf{1}）-3×（11-1+11）$$

$$=35×\overset{.}{2}-3×21$$

也就是 $3 \times 21 = 35 \times 2 - 1$ $\therefore \dfrac{35 \times 2}{3} = 21 \cdots\cdots 1$

上式中"·"表示所求得的乘率,黑体字表示每次的寄数。你看这求法多么巧妙!现在用代数的方法证明如下:设 A 为定母,B 为衍母,$a_0 a_1 a_2 \cdots\cdots a_n$ 为各次的寄数,$r_0 \ r_1 \ r_2 \cdots\cdots r_n$ 为各次的余数,而 r_n 等于 1,依上面的式子写出来便是:

定 母 A	A	$r_1^{a_1}$	……	
衍数 ^{a_0}B	$^{a_0}r_0$	$^{a_0}r_0$	……	$^{a_n}r_n$ （1）

而 $r_0 = B - t_0 A$

$r_1 = A - a_1 r_0 = A - a_1(B - t_0 A) = A_1 - a_1 B + a_1 t_0 A$

$\quad = t_1 A - a_1 B \qquad\qquad t_1 = t_0 + 1$

$r_2 = r_0 - g_2 r_1 = (B - t_0 A) - q_2(t_1 A - a_1 B) = B - t_0 A - q_2 t_1 A + q_2 a_1 B$

$\quad = a_2 B - t_2 A \qquad\qquad t_2 = q_2 t_1 + t_0$

$r_3 = r_1 - q_3 r_2 = (t_1 A - a_1 B) - q_3(a_2 B - t_2 A)$

$\quad = t_3 A - a_3 B \qquad\qquad t_3 = q_3 t_2 + t_1$

$\cdots\cdots\cdots\cdots\cdots\cdots\cdots\cdots\cdots\cdots$

$\therefore r_n = a_n B - t_n A \qquad\qquad t_n = q_n t_{n-1} + t_{n-2}$

$a_n = q_n a_{n-1} + a_{n-2}$

但 $r_n = 1$ $\quad \therefore 1 = a_n B - t_n A$

即 $\qquad a_n B = t_n A + 1$

$\therefore \dfrac{a_n B}{A} + \dfrac{t_n A + 1}{A} = t_n \cdots\cdots 1$

有了乘率,将它去乘衍数可得用数,这在上面已经证明过了,所以在本例中，三，五和七的用数相应地便是七十（35×2），二十一（21×1）和十五（15×1）。

杨辉的"剪管术"中，同样的题目有好几个，试取两个照样演算如下。

（a）七数剩一，八数剩二，九数剩三，问本数是多少？

（一）求衍数

泛 母	析 母	定 母	衍 母	衍 数
7	7	7		72
8	8	8	504	63
9	9	9		56

（二）求乘率

定 母 7	7	1^3		
衍 数 ^{1}72	^{1}2	^{1}2	^{4}1	

所以乘率是 4。

定 母 8	8	1^1		
衍 数 ^{1}63	^{1}7	^{1}7	^{7}1	

所以乘率是 7。

定 母 9	9	1^4		
衍 数 ^{1}56	^{1}2	^{1}2	^{5}1	

所以乘率是 5。

（三）求用数，就是用相应的乘率去乘衍数，所以七，八，九的用数相应地为二百八十八（72×4），四百四十一（63×7）和二百八十（56×5）。

（四）求本数，就是将各除数所除得的剩余与相应的各用数相乘，而将这三个乘积加起来。倘若所得的和比七，八，九的最小公倍数 504

大，就减去 504 的倍数，也就是用这最小公倍数除所得的和而求余数。

因而 288×1+441×2+280×3=288+882+840=2010

2010÷504=3 余 498

所以得到本数四百九十八。

（b）二数余一，五数余二，七数余三，九数余四，求原数是多少？

（一）求衍数

泛 母	析 母	定 母	衍 母	衍 数
2	2	2		315
5	5	5	630	126
7	7	7		90
9	9	9		70

（二）求乘率

定 母 2	
衍 数 ^{1}315	^{1}1

所以乘率是 1。

定 母 5	
衍 数 ^{1}126	^{1}1

所以乘率是 1。

定 母 7	7	1^1	
衍 数 ^{1}90	^{1}6	^{1}6	^{6}1

所以乘率是 6。

定 母 9	9	2^1	
衍 数 ^{1}70	^{1}7	^{1}7	^{4}1

所以乘率是 4。

（三）求用数

2 的：315×1=315，5 的：126×1=126，

7 的：90×6=540，9 的：70×4=280。

（四）求本数

315×1+126×2+540×3+280×4=315+252+1620+1120=3307

3307÷630=5……157

所以原数是一百五十七。

下面可以《求一术通解》中取一个较复杂的例子进行解答，就更可以看明白这类题的算法了。

"今有数不知总：以五累减之，无剩；以七百一十五累减之，剩一十；以二百四十七累减之，剩一百四十；以三百九十一累减之，剩二百四十五；以一百八十七累减之，剩一百零九，求总数是多少？"

"答：10020。"

（一）求衍数

泛 母	析 母	定 母	衍 母	衍 数
5	5	废 位		
715	5·×11·×13	55		96577
247	13·×19·	247	5311735	21505
391	17·×23·	391		13585
187	11×17	废 位		

（二）求乘率

定 母 55	55	3^1	
衍 数 ^{1}96577	^{1}52	^{1}52	^{18}1

所以乘率是 18。

定 母 247	247	7^{15}	7^{15}	7^{108}	
衍 数 $^{1}21505$	$^{1}16$	$^{1}16$	$^{31}2$	$^{31}2$	$^{139}1$

所以乘率是 139。

定 母 391	391	100^{1}	100^{1}	9^{4}	
衍 数 $^{1}13585$	$^{1}291$	$^{1}291$	$^{3}91$	$^{3}91$	$^{43}1$

所以乘率是 43。

（三）求用数

715 的：$96577 \times 18 = 1738386$

247 的：$21505 \times 139 = 2989195$

391 的：$13585 \times 43 = 584155$

（四）求总数

$1738386 \times 10 + 2989195 \times 140 + 584155 \times 245$

$= 17383860 + 418487300 + 143117974$

$= 578989135$

$578989135 \div 5311735 = 109 \cdots\cdots 10020$

在上述计算中所要注意的就是"废位"，第一行的析母 5，在第二行中也有，第二行已用了（数旁记黑点就是表示采用的意思），所以第一行可废去。第五行的 11 和 17，一个已用在第二行，一个已用在第四行，所以在这一行也废去。由于前面已经说过两个泛母若有相同的质因数而且所含的个数相同，则无论被哪个泛母采用都可以，因此上面求衍数的方法只是其中一种。在《求一术通解》里，就附有上列每种采用法的表，相比起来这一种实在是最简单的了。（表中的○表示废位。）

析 母	5	5×11×13	13×19	17×23	11×17	
定	○	55	247	391	○	1
	○	715	19	391	○	2
	○	55	247	23	17	3
	○	715	19	23	17	4
	○	5	147	391	11	5
	○	65	19	391	11	6
	○	5	247	23	187	7
	○	65	19	23	187	8
	5	11	247	391	○	9
	5	143	19	391	○	10
	5	11	247	23	17	11
	5	143	19	23	17	12
	5	○	247	391	11	13
	5	13	19	391	11	14
母	5	○	247	23	187	15
	5	13	19	23	187	16

　　由这几个例子，可以看出"韩信点兵"不限于三三，五五，七七地数。在中国的旧数学上，《大衍求一术》还有不少应用，不过在这篇短文里就不多讲了。

　　到了这一步，我们可以问："'韩信点兵'这类问题在西洋数学中怎样解决呢？"

　　要回答这个问题，你先要记起代数中联立方程式的解法来。不，首先要记起一般联立方程式所应具备的必要条件。条件是，方程式的个数应当和它们所含未知数的个数相等。所以二元的要有两个方程式，三元的要有三个，若方程式的个数少于它们所含未知数的个数，那就不能得出确定的结果，因此我们称它为不定方程式（Indeterminations of a system of equation）。

若是两个未知数而只有一个方程式，例如，

$5x+10y=20$

我们若将 y 当作已知数看，依照解方程式的顺序来解便可得出下面的式子：

$x=4-2y$

在这个式子当中用任意一个数去代 y，x 都能得到相应的数值，如：

$y=0$，　　$x=4-2×0=4$；　　$y=1$，　　$x=4-2×1=2$；

$y=2$，　　$x=4-2×2=0$；　　$y=3$，　　$x=4-2×3=-2$；

$y=-1$，　　$x=4-2×（-1）=6$；　……………

y 的数值既然可以任意定，则这方程式的根便是不定的。

又如未知数有三个，方程式只有两个，比如：

$x+y-3z=8$……（1）

$2x-5y+z=2$……（2）

依照解联立方程式的法则，从这两个方程式中可以随意先消去一个未知数。若要消去 z，就用 3 去乘（2），再和（1）相加，便得：

$6x-15y+3z+x+y-3z=6+8$

$7x-14y=14$

再将含有 y 的项移到右边，并且全体用 7 去除，就得：

$x=2+y$

同前例一样的理由，这方程式中的 y 值可以任意选用，所以是不定的，而 x 的值也就不定了，既然 x 和 y 的值都不一定，z 的值也无从确定，如：

$y=1$，$x=3$，代入（1）$z=-\dfrac{4}{3}$　　代入（2）$z=1$；

$y=2$，$x=4$，代入（1）$z=-\dfrac{2}{3}$　　代入（2）$z=4$；

……………

就这样推下去，联立方程式的个数只要比它们所含的未知数少，就得不出一定的解答来。

这样说起来，不定方程式不是一点儿用场都没有了吗？这个疑问自然是应当有的，不过是否有用场实在难说。就好像和尚捡到常州梳子自然没用，但若是江北大姐捡到，岂不喜出望外？仔细考察起来，不定方程式虽然没有一定的解答，但它却将所含的未知数间的关系加上了限制。即如第一个例子，x 和 y 的数值虽不确定，但若 y 等于 0，x 就只能等于 4；若 y 等于 1，x 就只能等于 2。再就第二个例子说，也是同样的情况。这种关系倘若再得到其他条件来补充，那么，答案就不是漫无限制了，本来一个方程式也不过表示几个未知数在某种情形所具有的关系，也就只是一个条件罢了。

我们就用"韩信点兵"的问题为例吧。

设三三数所数的次数为 x，五五数所数的次数为 y，七七数所数的次数为 z，而原数为 N，则：

$N=3x+2=5y+3=7z+2.$

∴ $3x+2=5y+3$……（1），$3x+2=7z+2$……（2）

这有三个未知数而只有两个方程式，但我们应当注意 x，y，z 都必须是正整数，这便是一个附带的条件，

由（1）$x=\dfrac{5y+1}{3}=y+\dfrac{2y+1}{3}$

因为 x 和 y 是正整数，所以 $\dfrac{2y+1}{3}$ 虽是一个分数的形式，也必须是整数，设它是 α，那么：

$$\dfrac{2y+1}{3}=\alpha \qquad \therefore 2y+1=3\alpha, y=\dfrac{3\alpha-1}{2}=\alpha+\dfrac{\alpha-1}{2}$$

因为 y 和 x 都是整数，所以 $\dfrac{\alpha-1}{2}$ 也必须是整数，设它是 β，则

$$\dfrac{\alpha-1}{2}=\beta \qquad \therefore \alpha-1=2\beta, \quad \alpha=2\beta+1$$

$$\therefore y=\alpha+\beta=2\beta+1+\beta=3\beta+1,$$

$$x=y+\alpha=3\beta+1+2\beta+1=5\beta+2$$

而 $N=3x+2=3(5\beta+2)+2=15\beta+8.$

由（2） $15\beta+8=7z+2$，$\therefore 7z=15\beta+6$，

$$\therefore z=\dfrac{15\beta+6}{7}=2\beta+\dfrac{\beta+6}{7}$$

因为 z 和 β 都是正整数，所以 $\dfrac{\beta+6}{7}$ 也必须是整数，设它是 γ，则

$$\dfrac{\beta+6}{7}=\gamma, \qquad \therefore \beta+6=7\gamma, \quad \beta=7\gamma-6$$

而 $z=2(7\gamma-6)+\dfrac{(7\gamma-6)+6}{7}=14\gamma-12+\gamma=15\gamma-12$

$N=7z+2=7(15\gamma-12)+2=105\gamma-82.$

现在 γ 既是整数，且不能为负。因为它若是负的，N 也便是负的，对于题目来说便没有意义了，所以 γ 至少是 1，而

$N=105-82=23$

自然 γ 可以是 2，3，4，5，6，……而 N 对应的便是 128，233，338，443，548……但 N 的值虽无穷却有一个限制。

既说到代数的不定方程式，不妨顺着再说一点。

（a）解方程式 $3x+4y=22$，x 和 y 的值限于正整数，先将含 y 的项移到右边，则得

$3x=22-4y$

$x=\dfrac{22-4y}{3}=7-y+\dfrac{1-y}{3}$

因为 x 和 y 都是正整数，而 7 本来是整数，所以 $\dfrac{1-y}{3}$ 也应当是整数，设它等于 α，则

$\dfrac{1-y}{3}=\alpha$，$1-y=3\alpha$；

$\therefore y=1-3x$，$\cdots\cdots\cdots\cdots\cdots\cdots\cdots\cdots$（1）

$x=7-(1-3\alpha)+\alpha=6+4\alpha\cdots\cdots\cdots$（2）

由（1）可知，y 既是正整数，α 也是整数，所以 α 或是等于零或是负的，绝不能是正的。

由（2）可知，x 既是正整数，α 也是整数，所以 α 应当是正的或是等于零，最小只能等于负 1。

结合这两个条件，α 只能等于零或负 1，当

$\alpha=0$，$x=6$，$y=1$；

$\alpha=-1$，$x=2$，$y=4$.

（b）解方程式 $5x-14y=11$，x 和 y 的值限于正整数。

移项 $5x=11+14y$，

$\therefore x=\dfrac{11+14y}{5}=2+2y+\dfrac{1+4y}{5}$

因为 x 和 y 以及 2 都是整数，所以 $\dfrac{1+4y}{5}$ 也应当是整数，但这里和前面的例子不同，不好直接设它等于 α，因为若 $\dfrac{1+4y}{5}=\alpha$，则

$1+4y=5\alpha$，$y=\dfrac{5\alpha-1}{4}$ 仍是一个分数的形式。要解决这个困难，必要的条件是使原来的分数的分子中 y 的系数为 1。幸好这是可能的，不是吗？因为整数的倍数仍然是整数，我们不妨用一个适当的数去乘这分数，也就是乘它的分子。所谓适当，就是乘了以后，y 的系数恰比分母的倍数多 1。这好像又要用到前面所说的求乘率的方法了，实际还可以不必这么大动干戈。乘数总比分母小，由观察便可知道了。在本题中，则可用 4 去乘，便得

$$\frac{4+16y}{5}=3y+\frac{4+y}{5}$$

而 $\dfrac{4+y}{5}$ 应当是整数，设它等于 α，则

$$\frac{4+y}{5}=\alpha，\quad 4+y=5\alpha\quad y=5\alpha-4\quad（1）$$

$$\therefore x=\frac{11+14y}{5}=\frac{11+14(5\alpha-4)}{5}=\frac{70\alpha-45}{5}=14\alpha-9\quad（2）$$

这里和前例也有点儿不同，由式（1）和式（2）看来，α 只要是正整数就可以，不必再有什么限制，所以

$\alpha=1$，$x=5$，$y=1$；$\alpha=2$，$x=19$，$y=6$；

$\alpha=3$，$x=33$，$y=11$；…………

这样的解答是无穷的。

将中国的老方法和现在我们所学的新方法进行比较，究竟哪一种更好，这虽很难说，但由此可以知道，一个问题的解法绝不只是一种。在学习数学的时候，能够注意别人的算法以及自己另辟蹊径去走都是有兴味而且有益处的。中学的"求一术"不但在中国数学史上占着很重要的地位，若能发扬光大，便能研究更多问题。

[附注] 一个数用三去除，有三种情形：一是剩 0（就是除尽）；二是剩 1；三是剩 2。同样地，用五去除有五种情形：剩 0，1，2，3，4；用七去除有七种情形：剩 0，1，2，3，4，5，6。从三除的三种情形中任取一种，和五除的五种情形中的任一种，以及七除的七种情形中的任一种配合，都能组成一个"韩信点兵"的题目，所以总共有 $3 \times 5 \times 7 = 105$ 个题。而这 105 个题的最小答数，恰是从 0 到 104。这 105 个数中，把它们排列起来可以得出下面的表：

R_3	R_7 \\ R_5	0	1	2	3	4
0	0	0	21	42	63	84
	1	15	36	57	78	99
	2	30	51	72	93	9
	3	45	66	87	3	24
	4	60	81	102	18	39
	5	75	96	12	33	54
	6	90	6	27	48	69
1	0	70	91	7	28	49
	1	85	1	22	43	64
	2	100	16	37	58	79
	3	10	31	52	73	94
	4	25	46	67	88	4
	5	40	61	82	103	19
	6	55	76	97	13	34
2	0	35	56	77	98	14
	1	50	71	92	8	29
	2	65	86	2	23	44
	3	80	101	17	38	59
	4	95	11	32	53	74
	5	5	26	47	68	89
	6	20	41	62	83	104

这个表的组成是这样的：

（1）R_3 的一行的 0，1，2 表示三个三个地数的余数。

（2）R_7 的一行的 0，1，2，3，4，5，6 表示七个七个地数的余数。

（3）R_5 的一排的 0，1，2，3，4 表示五个五个地数的余数。

（4）中间的数便是 105 个相当的答数。

所以若说三数剩二，五数剩三，七数剩二，答数就是二十三。若说三数剩一，五数剩二，七数剩四，答数便是六十七。

仔细观察，表中各数的排列，也很有趣：

（1）就三大横排说，同行同小排的数次第加 70——超过 105，则减去它——正是泛母三的用数。

（2）就每个小横排说，次第加 21——超过 105，则减去它——正是泛母五的用数。

（3）就每大横排中的各行说，次第加 15——超过 105，则减去它——正是泛母七的用数。

这个理由自然是略加思索就会明白的。

十

王老头子的汤圆

一

近来有一位幼年时的邻居，从家乡跑来看望我。见到故乡人，想起故乡事。屈指一算，离家已将近二十年了，记忆中故乡的模样，还是二十年前的。碰见这么一位幼年朋友，在心境上好像也回到孩童时期，一直谈论幼年的往事，比如石坎缝儿里寻蟋蟀，和尚庙中偷桂花，一切淘气事都会谈到。最后不知怎的，话头却转到死亡上去了，朋友很郑重地说出这样的话来：

——王老头子，卖汤圆的，已死去两年了。

一个须发全白，精神饱满，笑容可掬的老头子的面影，顿时从心底浮到了心尖。我并不知道他叫什么名字，因为一直听人家叫他王老头子，没有人提起过他的全名。从我自己会走到他的店里吃汤圆的时候起，他的头上就已顶着银色的发，嘴上堆着雪白的须，是一个十足的老头子。祖父曾经告诉我，王老头子在我们那条街上开汤圆店已有二三十年。祖父常和许多人说，王老头子很古怪，每天只卖一盘子汤圆，卖完就收店，喝包谷烧①，照例四两。他每天卖的汤圆，都是前一天夜里做的。真的，在我起得很早的时候，要是走到王老头子的店门口，准可以看见他在升火，他的桌上有一只盘子，盘子里堆着雪白、细软的汤圆，用现在我所知道的东西的形状来说，那就有点儿像金字塔。假如要用数学教科书上的名词，那就是正方锥。

王老头子自然是平凡、不足树碑立传的人，不过他的和蔼可亲却是少有。我一听闻他的死讯，不禁怅惘追忆，这也就可以证明他是如何捉住儿童们的活泼、无邪的心了。王老头子已死两年，这意味着他至少做了四五十年的汤圆。在这四五十年中，每天都做尖尖的一盘。他这一生替人们做过多少汤圆哟，我想替他算一算。然而我不能算，因为我不曾留意过那一盘汤圆从顶到底共有多少层。我现在只来说一说，假如知道了它的层数，那这总数应如何计算，也算作为对王老头子的纪念。

二

这类题目的算法，在西洋数学中叫作积弹（Piles of Shot）和拟形数（Figurate munbers），又叫拟形级数（Figurate sreies）。在中国数学中叫垛积，旧数学中和它类似的算法，属于"少广"一类。最早见于朱世杰的《四元玉鉴》中茭草形段，如像招数和草垛叠藏各题，后来郭守

①一种白酒。

敬、董祐诚、李善兰这些人的著作中把它讲得更详细。

这里我们先说大家从西洋数学中容易找到的积弹。积弹的计算法，已有一定的公式，根据堆积的方法不同，可以分为四类：如第一图各层是呈正方形的；第二图各层是呈正三角形的；第三图是呈矩形的。但这三种到顶上都是尖的。第四图各层都呈矩形，而顶上是平的。用数学上的名词来说，第一图是正方锥；第二图是正三角锥；第三图侧面是等腰三角形，正面是等腰梯形；第四图侧面和正面都是等腰梯形。

第一图

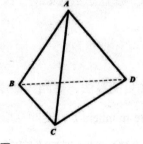

第二图

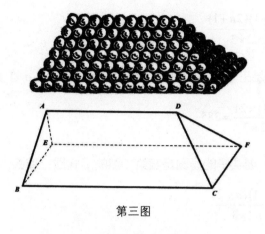

第三图

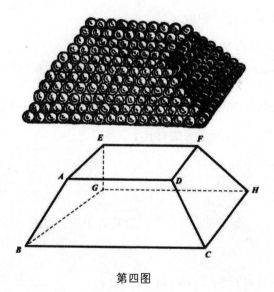

第四图

所谓弹积，一般是已知层数计算总数，在这里且先将各公式写出来。

（1）设 n 表示层数，也就是王老头子的汤圆底层每边的个数，则汤圆的总数是：

$$S_n = \frac{n(n+1)(2n+1)}{1 \times 2 \times 3}$$

所以，若是王老头子的那盘汤圆有十层，也就是 n 等于 10，因此，

$$S_n = \frac{10 \times 11 \times 21}{1 \times 2 \times 3} = 385$$

（2）若王老头子的汤圆是照第二图的形式堆，那么，

$$S_n = \frac{n(n+1)(n+2)}{1 \times 2 \times 3}$$

所以，若堆十层，总数便是：

$$S_n = \frac{10 \times 11 \times 12}{1 \times 2 \times 3} = 220$$

（3）在第三图的情况下，则不但和层数有关系，并且与顶上一层的个数也有关系，设顶上一层有 p 个，则

$$S_n = \frac{n(n+1)(3p+2n-2)}{1 \times 2 \times 3}$$

举例来说，若第一层有五个，总共有十层，就是 p 等于 5，n 等于 10，则

$$S_n = \frac{10 \times 11 \times (3 \times 5 + 2 \times 10 - 2)}{1 \times 2 \times 3} = \frac{10 \times 11 \times 33}{1 \times 2 \times 3} = 605$$

（4）在第四图的情况下，自然和第一层的个数也有关系，而第一层既然也是矩形，它的个数就与这矩形的长、阔两边的个数有关。设顶上一层长边有 a 个，阔边有 b 个，则

$$S_n = \frac{n}{1 \times 2 \times 3} \times \left[6ab + 3(a+b)(n-1) + (n-1)(2n-1) \right]$$

举例来说，若第一层的长边有五个，阔边有三个，总共有十层，就是 a 等于 5，b 等于 3，n 等于 10，则

$$S_n = \frac{10}{1 \times 2 \times 3} \times \left[6 \times 5 \times 3 + 3 \times 8 \times 9 + 9 \times 19 \right] = 795$$

不用说，只要按照公式计算出一个总数，是很容易的。不过，我们的问题是这公式是怎样得来的。

要证明这公式，有三种方法。

三

第一就用数学的归纳法的证明。

什么叫数学的归纳法，在堆罗汉中已经说过，这里要证明的第一个公式，也是那篇里已证明过的。为了不曾看过那篇的读者，这里只好简略地说一说所谓数学的归纳法，它总共含有三个步骤：

（Ⅰ）就几个特殊的数，发现一个共同的式子。

（Ⅱ）假定这式子对于 n 是对的，而造出一个公式来。

（Ⅲ）设 n 变成了 $n+1$，看（Ⅱ）的式子形式是否改变。若不曾改变，那么，这公式就成立了。

因为由（Ⅱ）已经知道这式子关于 n 是对的，又由（Ⅲ）知道关于 $n+1$ 也是对的。而由（Ⅰ）已知它关于几个特殊的数也是对的，——其实有一个就够了，不过若（Ⅰ）只由一个特殊的数要发现较普遍的公式的形式比较困难——设若关于 2 是对的，那么关于 2 加 1 就自然是对的。2 加 1 是 3，关于 3 是对的，自然关于 3 加 1 即 "4" 也是对的。这样一步一步地往上推，关于 4 加 1 即 "5"，5 加 1 即 "6"，6 加 1 即 "7" ……就都对了。

以下就用这方法来证明上面的公式：

（1） $S_n = \dfrac{n(n+1)(2n+1)}{1 \times 2 \times 3}$

王老头子的汤圆的堆法，各层都是正方形，顶上一层是一个，第二层每边是二个，第三层每边是三个，第四层每边是四个……这样到第 n 层，每边便是 n 个。而正方形的面积，这是大家都已经会算的，等于一边的长的平方。所以若就各层的个数说，王老头子每夜所做的汤圆便是：

$S_n = 1^2 + 2^2 + 3^2 + 4^2 + \cdots + n^2$

第一步我们容易知道：

$1^2 = \dfrac{1 \times (1+1) \times (2 \times 1 + 1)}{1 \times 2 \times 3} = 1$

$1^2 + 2^2 = \dfrac{2 \times (2+1) \times (2 \times 2 + 1)}{1 \times 2 \times 3} = 5$

$1^2 + 2^2 + 3^2 = \dfrac{3 \times (3+1) \times (2 \times 3 + 1)}{1 \times 2 \times 3} = 14$

$1^2 + 2^2 + 3^2 + 4^2 = \dfrac{4 \times (4+1) \times (2 \times 4 + 1)}{1 \times 2 \times 3} = 30$

第二步，我们就假定这式子关于 n 是对的，而得公式：

$S_n = \dfrac{n(n+1)(2n+1)}{1 \times 2 \times 3}$

这就到了第三步，检验假定的公式对于 $n+1$ 是否也是对的，我们

在这假定的公式中，两边都加上（$n+1$）^{2}这项，这便是S_{n+1}，所以

$$S_{n+1} = S_n + (n+1)^2 = \frac{n(n+1)(2n+1)}{1 \times 2 \times 3} + (n+1)^2$$

$$= \frac{n(n+1)(2n+1) + 6(n+1)^2}{1 \times 2 \times 3}$$

$$= \frac{(n+1)\left[n(2n+1) + 6(n+1)\right]}{1 \times 2 \times 3}$$

$$= \frac{(n+1)\left[2n^2 + 7n + 6\right]}{1 \times 2 \times 3}$$

$$= \frac{(n+1)(n+2)(2n+3)}{1 \times 2 \times 3}$$

$$= \frac{(n+1)\left(\overline{n+1}+1\right)\left(2\overline{n+1}+1\right)}{1 \times 2 \times 3}$$

这最后的形式和我们所假定的公式完全一样，所以我们的假定是对的。

（2）$S_n = \dfrac{n(n+1)(n+2)}{1 \times 2 \times 3}$

这公式是用于正三角锥形的，所谓正三角锥形的摆法，第一层是一个，第二层是一个加二个，第三层是一个加二个加三个，第四层是一个加二个加三个加四个……这样推下去到第 n 层便是：

$1+2+3+4+\cdots+n$

而总和便是：

$S_n=1+$（$1+2$）+（$1+2+3$）+（$1+2+3+4$）+$\cdots$+（$1+2+3+4+\cdots+n$）

第一步，我们找出，

$$1 = \frac{1 \times (1+1)(1+2)}{1 \times 2 \times 3} = 1$$

$$1 + (1+2) = \frac{2 \times (2+1)(2+2)}{1 \times 2 \times 3} = 4$$

$$1 + (1+2) + (1+2+3) = \frac{3 \times (3+1)(3+2)}{1 \times 2 \times 3} = 10$$

$$1 + (1+2) + (1+2+3) + (1+2+3+4) = \frac{4 \times (4+1)(4+2)}{1 \times 2 \times 3} = 20$$

第二步，我们就假定这式子关于 n 是对的，而得公式：

$$S_n = \frac{n(n+1)(n+2)}{1 \times 2 \times 3}$$

跟着到第三步，证明这假定的公式对于 $n+1$ 也是对的，就是在假定的公式中两边都加上 $1+2+3+4+\cdots+n+\overline{n+1}$

$$S_{n+1} = S_n + \left(1+2+3+4+\cdots+n+\overline{n+1}\right)$$

$$= \frac{n(n+1)(n+2)}{1 \times 2 \times 3} + \left(1+2+3+4+\cdots+n+\overline{n+1}\right)$$

$$= \frac{n(n+1)(n+2)}{1 \times 2 \times 3} + \frac{(n+1)(\overline{n+1}+1)}{2}$$

$$= \frac{n(n+1)(n+2)}{1 \times 2 \times 3} + \frac{(n+1)(n+2)}{2}$$

$$= \frac{n(n+1)(n+2) + 3(n+1)(n+2)}{1 \times 2 \times 3}$$

$$= \frac{(n+1)(n+2)(n+3)}{1 \times 2 \times 3}$$

$$= \frac{(n+1)(\overline{n+1}+1)(\overline{n+1}+2)}{1 \times 2 \times 3}$$

这最后的形式，正和我们所假定的公式的形式一样。可见我们的假定是对的。

（3）$S_n = \dfrac{n(n+1)(3p+2n-2)}{1\times2\times3}$

前面和证明前两个公式的步骤没有什么两样，我们不妨省事一点儿，将它略去，只来证明这公式对于 $n+1$ 也是对的。这种堆法，第一层是 p 个，第二层是两个（$p+1$）个，第三层是三个（$p+2$）个……照样推上去，第 n 层是 n 个（$p+\overline{n-1}$）个。所以，

$S_n=p+2（p+1）+3（p+2）+\cdots+n（p+\overline{n-1}）$

而 $S_{n+1}=p+2（p+1）+3（p+2）+\cdots+（n+1）（p+n）$

假定上面的公式关于 n 是对的，则

$$S_{n+1}=S_n+(n+1)(p+n)$$

$$=\frac{n(n+1)(3p+2n-2)}{1\times2\times3}+(n+1)(p+n)$$

$$=\frac{n(n+1)(3p+2n-2)+6(n+1)(p+n)}{1\times2\times3}$$

$$=\frac{(n+1)\big[n(3p+2n-2)+6(p+n)\big]}{1\times2\times3}$$

$$=\frac{(n+1)\big[3np+6p+2n^2+4n\big]}{1\times2\times3}$$

$$=\frac{(n+1)\big[3p(n+2)+2n(n+2)\big]}{1\times2\times3}$$

$$=\frac{(n+1)(n+2)(3p+2n)}{1\times2\times3}$$

$$=\frac{(n+1)(\overline{n+1}+1)(3p+\overline{2n+1}-2)}{1\times2\times3}$$

不用说，这最后的形式，和我们假定的公式完全一样，我们所假定的公式便是对的。

（4）$S_n = \dfrac{n}{1 \times 2 \times 3} \times \left[6ab + 3(a+b)(n-1) + (n-1)(2n-1) \right]$

我们也来假定它关于 n 是对的，而证明它关于 $n+1$ 也是对的。按照这种堆法，第一层是 ab 个，第二层是（$a+1$）（$b+1$）个，第三层是（$a+2$）（$b+2$）个……照样推上去，第 n 层便是（$a+\overline{n-1}$）（$b+\overline{n-1}$）个，所以：

$S_n = ab + (a+1)(b+1) + (a+2)(b+2) + \cdots + (a+\overline{n-1})(b+\overline{n-1})$

而 $S_{n+1} = ab + (a+1)(b+1) + (a+2)(b+2) + \cdots + (a+\overline{n-1})(b+\overline{n-1}) + (a+n)(b+n)$

假定上面的公式对于 n 是对的，则

$S_{n+1} = S_n + (a+n)(b+n)$

$= \dfrac{n}{1 \times 2 \times 3} \times \left[6ab + 3(a+b)(n-1) + (n-1)(2n-1) \right] + (a+n)(b+n)$

$= \dfrac{n\left[6ab + 3(a+b)(n-1) + (n-1)(2n-1) \right] + 6(a+n)(b+n)}{1 \times 2 \times 3}$

$= \dfrac{\left[n6ab + 6ab \right] + \left[3n(a+b)(n-1) + 6(a+b)n \right] + \left[n(n-1) + (2n-1) + 6n^2 \right]}{1 \times 2 \times 3}$

$= \dfrac{(n+1)6ab + (a+b)(3n^2+3n) + n(2n^2+3n+1)}{1 \times 2 \times 3}$

$= \dfrac{(n+1)6ab + (n+1)3(a+b)n + (n+1)n(2n+1)}{1 \times 2 \times 3}$

$= \dfrac{(n+1)}{1 \times 2 \times 3} \left[6ab + 3(a+b)n + n(2n+1) \right]$

$= \dfrac{(n+1)}{1 \times 2 \times 3} \left[6ab + 3(a+b)(\overline{n+1}-1) + (\overline{n+1}-1)(2\overline{n+1}-1) \right]$

在形式上，这最后的结果和我们所假定的公式也没有差别，可知我们的假定一点儿不差。

四

通过使用数学的归纳法将四个公式都证明了，按理说我们可以安心了。但是，仔细一想，这种证明法，巧妙固然巧妙，却有一个大大的困难在里面。这困难并不在从 S_n 证 S_{n+1} 这第二、第三两步，而在第一步也就是发现我们所要假定的 S_n 的公式的形式。假如不曾有人将这公式提出来，你要从一项、两项、三项、四项……老老实实地相加而发现一般的形式，这虽然不是不可能，但并不容易，因此我们再说另外一种找寻这几个公式的方法。

我把这一种方法，叫分项加合法，这是一种知道了一个级数的一般项，而求这级数的 n 项的和的一般的方法。

什么叫级数、算术级数和几何级数，大概你早已了解清楚了。那么，可以更广泛地说，若有一串数中，依次每两个之间有相同的一定的关系存在，这串数就叫级数。比如算术级数每两项的差是相同的、一定的；几何级数每两项的比是相同的、一定的。当然，在级数中，这两种算是最简单的，其他的关系都比较复杂，所以每两项的关系也不易发现。

什么叫级数的一般项？换句话说，就是一个级数的第 n 项。若算术级数的第一项为 a，公差为 d，则一般项为 $a+(n-1)d$；若几何级数的第一项为 a，公比为 r，则一般项为 ar^{n-1}。再说回上面讲的弹积法上去，若每种都是一个级数，则它们的一般项便是：（1）n^2；（2）$\dfrac{n(n+1)}{2}$ 或 $\dfrac{1}{2}(n^2+n)$；（3）$n(p+\overline{n-1})$ 或 $np+n^2-n$；（4）$(a+\overline{n-1})(b+\overline{n-1})$ 或 $ab+(a+b)(n-1)+(n-1)^2$。

四个一般项除了（1）以外，都可认为是两项以上合成的。在一般项中设 n 为 1，就得第一项；设 n 为 2，就得第二项；设 n 为 3，就得第三项……设 n 为什么数，就得第什么项。所以对于一个级数，倘若能够知道它的一般项，无论什么项我们都能求出来。

为了写起来便当，我们来使用一个记号，例如

$$S_n=1+2+3+4+\cdots+n$$

我们就将它写成 $\sum n$，读作 Sigma n。$\sum$ 是一个希腊字母，相当于英文的 S。S 是英文 Sum（和）的第一个字母，所以用 $\sum$ 表示 "和" 的意思。而 $\sum n$ 便表示从 1 起，依次加 2，加 3，加 4，……一直加到 n 的和。同样地，

$$\sum n\,(n+1)=1 \cdot 2+2 \cdot 3+3 \cdot 4+4 \cdot 5+\cdots+n\,(n+1)$$
$$\sum n^2 =1^2+2^2+3^2+4^2+\cdots+n^2$$

运用这个符号结合上面所说过的各种一般项，就可得出下面的四个式子：

（1）$S_n= \sum n^2 =1^2+2^2+3^2+4^2+\cdots+n^2$

（2）$S_n= \sum \dfrac{n(n+1)}{2}= \sum \dfrac{1}{2}\left(n^2+n\right)= \dfrac{1}{2}n^2+ \sum \dfrac{1}{2}\,n$

$\qquad = \dfrac{1}{2}\left(1^2+2^2+3^2+\cdots n^2\right)+ \dfrac{1}{2}\left(1+2+3+4+\cdots+n\right)$

（3）$S_n= \sum n\,(p+\overline{n-1})= \sum \left(np+n^2-n\right)= \sum np+ \sum n^2- \sum n$

$\qquad =\left(p+2p+3p+\cdots+np\right)+\left(1^2+2^2+3^2+\cdots n^2\right)-\left(1+2+3+\cdots+n\right)$

（4）$S_N= \sum \left(a+\overline{n-1}\right)\left(b+\overline{n-1}\right)= \sum \left[ab+(a+b)(n-1)+(n-1)^2\right]$

$\qquad =nab+(a+b)\left(1+2+\cdots+\overline{n-1}\right)+\left(1^2+2^2+3^2+\cdots+\overline{n-1^2}\right)$

这样一来，我们可以发现，只要将（1）求出，剩下的三个就容易

了。关于（1）的求法，运用数学的归纳法固然可以，即或不然，还可参照下面的方法计算。

我们知道：

$$n^3 = n^3, \qquad (n-1)^3 = n^3 - 3n^2 + 3n - 1$$

$$\therefore n^3 - (n-1)^3 = 3n^2 - 3n + 1$$

同样地，$(n-1)^3 - (n-2)^3 = 3(n-1)^2 - 3(n-1) + 1$

$$(n-2)^3 - (n-3)^3 = 3(n-2)^2 - 3(n-2) + 1$$

……………………………

$$3^3 - 2^3 = 3 \cdot 3^2 - 3 \cdot 3 + 1$$

$$2^3 - 1^3 = 3 \cdot 2^2 - 3 \cdot 2 + 1$$

$$1^3 - 0^3 = 3 \cdot 1^2 - 3 \cdot 1 + 1$$

若将这 n 个式子左边和左边相加，右边和右边相加，便得

$$n^3 = 3(1^2 + 2^2 + 3^2 + \cdots + n^2) - 3(1 + 2 + 3 + \cdots + n) + (1 + 1 + \cdots + 1)$$

又知 $1^2 + 2^2 + 3^2 + \cdots + n^2 = S_n$

$$1 + 2 + 3 + \cdots + n = \frac{n(n+1)}{2}$$

$$1 + 1 + 1 + \cdots + 1 = n$$

$$n^3 = 3S_n - \frac{3n(n+1)}{2} + n$$

$$3S_n = n^3 + \frac{3n(n+1)}{2} - n$$

$$= \frac{2n^3 + 3n(n+1) - 2n}{2}$$

$$= \frac{n(2n^2 + 3n + 3 - 2)}{2} = \frac{n(2n^2 + 3n + 1)}{2}$$

$$= \frac{n(n+1)(2n+1)}{2}$$

$$\therefore S_n = \frac{n(n+1)(2n+1)}{1 \times 2 \times 3}$$

这个结果和前面证过的一样，但来路却比较清楚。利用它，（2）

（3）（4）便容易得出来。

（2）$S_n = \sum \frac{1}{2}n^2 + \sum \frac{1}{2}n$

$= \frac{1}{2}(1^2 + 2^2 + 3^2 + \cdots + n^2) + \frac{1}{2}(1 + 2 + 3 + \cdots + n)$

$= \frac{1}{2} \cdot \frac{n(n+1)(2n+1)}{1 \times 2 \times 3} + \frac{1}{2} \cdot \frac{n(n+1)}{2}$

$= \frac{1}{2} \cdot \frac{n(n+1)(2n+1) + 3n(n+1)}{1 \times 2 \times 3} = \frac{1}{2} \cdot \frac{n(n+1)(2n+1+3)}{1 \times 2 \times 3}$

$= \frac{1}{2} \cdot \frac{n(n+1)(2n+4)}{1 \times 2 \times 3} = \frac{n(n+1)(n+2)}{1 \times 2 \times 3}$

（3）$S_n = \sum np + \sum n^2 - \sum n$

$= (1 + 2 + 3 + \cdots + n)p + (1^2 + 2^2 + 3^2 + \cdots + n^2) - (1 + 2 + 3 + \cdots + n)$

$= \frac{n(n+1)p}{2} - \frac{n(n+1)}{2} + \frac{n(n+1)(2n+1)}{1 \times 2 \times 3}$

$= \frac{3n(n+1)(p-1) + n(n+1)(2n+1)}{1 \times 2 \times 3}$

$= \frac{n(n+1)(3p-3+2n+1)}{1 \times 2 \times 3}$

$= \frac{n(n+1)(3p+2n-2)}{1 \times 2 \times 3}$

（4）$S_n = nab + (a+b)(1 + 2 + \cdots + \overline{n-1}) + (1^2 + 2^2 + 3^2 + \cdots + \overline{n-1}^2)$

$= nab + \frac{(n-1)n(a+b)}{2} + \frac{(n-1)n(2\overline{n-1}+1)}{1 \times 2 \times 3}$

$$= \frac{1}{1 \times 2 \times 3}\left[6nab + 3(n-1)n(a+b) + (n-1)n(2n-1)\right]$$

$$= \frac{n}{1 \times 2 \times 3}\left[6ab + 3(a+b)(n-1) + (n-1)\left(\overline{2n-1}\right)\right]$$

五

前一种证明法自然且有根源，不像用数学的归纳法那样突兀。但还有一点，不能使我们满意，不是吗？每个式子的分母都是 $1 \times 2 \times 3$，就前面的证明来看，明明只应当是 2×3，为什么要写成 $1 \times 2 \times 3$ 呢？关于这一点，若再用其他方法来寻求这些公式，那就可以恍然大悟了。

这一种方法可以叫作差级数法。所谓拟形级数，不过是差级数法的特别情形。

什么叫差级数？算术级数就是差级数中最简单的一种，例如 1，3，5，7，9……这是一个算术级数，因为

$3-1=5-3=7-5=9-7=\cdots=2$

但是，王老头子的汤圆的堆法，从顶上一层起，顺次是 1，4，9，16，25……各各两项的差是，

$4-1=3$，$9-4=5$，$16-9=7$，$25-16=9$……

这些差全不相等，所以不能算是算术级数，但是这些差 3，5，7，9……的每两项的差却都是 2。

再如第二种三角锥的堆法，从顶上起，各层的个数依次是 1，3，6，10，15，各各两项的差是，

$3-1=2$，$6-3=3$，$10-6=4$，$15-10=5$……

这些差也全不相等，所以不是算术级数，不过它和前一种一样，这

些差数依次两个的差是相等的，都是 1。

我们来另找个例，如 1^3，2^3，3^3，4^3，5^3，6^3……这些数立方之后便是 1，8，27，64，125，216……而，

（Ⅰ）

8-1=7，27-8=19，64-27=37，125-64=61，216-125=91……

（Ⅱ）

19-7=12，37-19=18，61-37=24，91-61=30……

（Ⅲ）

18-12=6，24-18=6，30-24=6……

这是到第三次的差才相等的。

再来举一个例子，如 2，20，90，272，650，1332……

（Ⅰ）

20-2=18，90-20=70，272-90=182，650-272=378，1332-650=682……

（Ⅱ）

70-18=52，182-70=112，378-182=196，682-378=304……

（Ⅲ）

112-52=60，196-112=84，304-196=108……

（Ⅳ）

84-60=24，108-84=24……

这是到第四次的差才相等的。

像这些例子一样的一串数，照上面的方法一次一次地减下去，终究有一次的差是相等的，这一串数就称为差级数。第一次的差相等的叫一

次差级数，第二次的差相等的叫二次差级数，第三次的差相等的叫三次差级数，第四次的差相等的叫四次差级数……第 r 次的差相等的叫 r 次差级数。算术级数就是一次差级数，王老头子的一盘汤圆，各层就成一个二次差级数。

所谓拟形数就是差级数中的特殊的一种，它们相等的差才是 1。这是一件很有趣味的东西。法国的大数学家布莱士·帕斯卡（Blaise Pascal）在他 1665 年发表的《算术的三角论》（Traité du triangle arithmétique）中，就记述了这种级数的做法，他作了如后的一个三角形。

这个三角形仔细玩赏一下，趣味非常丰富。它对于从左上向右下的这条对角线是对称的，所以横着一排一排地看，和竖着一行一行地看，全是一样。

1	1	1	1	1	1	1	1	1	1……
1	2	3	4	5	6	7	8	9……	
1	3	6	10	15	21	28	36……		
1	4	10	20	35	56	84……			
1	5	15	35	70	126……				
1	6	21	65	126……					
1	7	28	84……						
1	8	36……							
1	9……								
1……									

它的做法是：（Ⅰ）横、竖各写同数的 1。（Ⅱ）将同行的上一数

和同排的左一数相加，便得本数。即

1+1=2，1+2=3，1+3=4…2+1=3，3+3=6…3+1=4，6+4=10…

4+1=5，10+5=15…5+1=6，15+6=21…6+1=7，21+7=28…

7+1=8，28+8=36…8+1=9…

由这个做法，我们很容易知道它所包含的意味。就竖行说（自然横排也一样），从左起，第一行是相等的差，第二行是一次差级数，每两项的差都是1。第三行是二次差级数，因为第一次的差就是第一行的各数。第四行是三次差级数，因为第一次的差就是第三行的各数，而第二次的差就是第一行的各数。同样地，第五行是四次差级数，第六行是五次差级数……

布莱士·帕斯卡对这种玩意儿的性质，有过不少的研究，他曾用这个算术三角形讨论组合，又用它发现许多关于概率的有趣味的东西。

上面已经说过，王老头子的一盘汤圆，各层正好成一个二次差级数。倘若我们能够知道计算一般差级数的和的公式，岂不是占了大大的便宜了吗？

对，我们就来讲这个。让我们仿照布莱士·帕斯卡来作一个一般差级数的三角形。

差，英文是 difference，和用 S 代 Sum 一般，如法炮制就用 d 代 difference。本来已够用了，然而我们还可以更别致一些，用一个相当于 d 的希腊字母 Δ 来代。设差级数的一串数为 u_1，u_2，u_3……第一次的差为 Δu_1，Δu_2，Δu_3……第二次的差为 $\Delta_2 u_1$，$\Delta_2 u_2$，$\Delta_2 u_3$……第三次的差为 $\Delta_3 u_1$，$\Delta_3 u_2$，$\Delta_3 u_3$……这样一来，就得到下面的三角形。

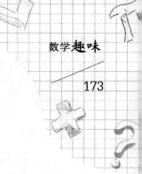

$$u_{1,} \quad u_{2,} \quad u_{3,} \quad u_{4,} \quad u_{5,} \quad u_{6}\cdots\cdots$$

$$\Delta u_{1,} \quad \Delta u_{2,} \quad \Delta u_{3,} \quad \Delta u_{4,} \quad \Delta u_{5}\cdots\cdots$$

$$\Delta_2 u_{1,} \quad \Delta_2 u_{2,} \quad \Delta_2 u_{3,} \quad \Delta_2 u_{4}\cdots\cdots$$

$$\Delta_3 u_{1,} \quad \Delta_3 u_{2,} \quad \Delta_3 u_{3}\cdots\cdots$$

$$\cdots\cdots\cdots\cdots$$

这个三角形的构成，实际上非常简单，下一排的数，总是它上一排的左右两个数的差，即：

$$\Delta u_1 = u_2 - u_1, \quad \Delta u_2 = u_3 - u_2, \quad \Delta u_3 = u_4 - u_3\cdots\cdots$$

$$\Delta_2 u_1 = \Delta u_2 - \Delta u_1, \quad \Delta_2 u_2 = \Delta u_3 - \Delta u_2, \quad \Delta_2 u_3 = \Delta u_4 - \Delta u_3\cdots\cdots$$

$$\Delta_3 u_1 = \Delta_2 u_2 - \Delta_2 u_1, \quad \Delta_3 u_2 = \Delta_2 u_3 - \Delta_2 u_2, \quad \Delta_3 u_3 = \Delta_2 u_4 - \Delta_2 u_3\cdots\cdots$$

加法可以说是减法的还原，因此由上面的关系，便可得出：

$$u_2 = u_1 + \Delta u_1 \text{（1）} \qquad\qquad \Delta u_2 = \Delta u_1 + \Delta_2 u_1, u_3 = u_2 + \Delta u_2$$

$$\therefore u_3 = \left(u_1 + \Delta u_1\right) + \left(\Delta u_1 + \Delta_2 u_1\right) = u_1 + 2\Delta u_1 + \Delta_2 u_1 \text{（2）}$$

照样地，第二排当作第一排，第三排当作第二排，便可得：

$$\Delta u_3 = \Delta u_1 + 2\Delta_2 u_1 + \Delta_3 u_1$$

$$u_4 = u_3 + \Delta u_3 = \left(u_1 + 2\Delta u_1 + \Delta_2 u_1\right) + \left(\Delta u_1 + 2\Delta_2 u_1 + \Delta_3 u_1\right)$$

$$= u_1 + 3\Delta u_1 + 3\Delta_2 u_1 + \Delta_3 u_1 \tag{3}$$

比较（1）（2）（3）三个式子，左边各项的数系数是 1，1；1，2，1；1，3，3，1，这恰好相当于二项式 $(a+b) = a+b$，$(a+b)^2 = a^2 + 2ab + b^2$，$(a+b)^3 = a^3 + 3a^2 b + 3ab^2 + b^3$，各展开式中各项的系数。根据这个事实，依照数学的归纳法的步骤，我们无妨走进第二步，假定推到一般，而得出：

$$u_{n+1} = u_1 + n\Delta u_1 + \frac{n(n-1)}{1\times 2}\Delta_2 u_1 + \cdots + \frac{n(n-1)\cdots(n-r+1)}{1\times 2\times 3\times\cdots\times r}\Delta_r u_1 + \cdots + \Delta_n u_1$$

照前面的样子，把第 $n+1$ 排作第一排，第 $n+2$ 排作第二排，便可得：

$$\Delta u_{n+1} = \Delta u_1 + n\Delta_2 u_1 + \frac{n(n-1)}{1\times 2}\Delta_3 u_1 + \cdots + \frac{n(n-1)\cdots(n-r+2)}{1\times 2\times 3\times\cdots\times(r-1)}\Delta_r u_1 + \cdots + \Delta_{n+1} u_1$$

将这两个式子相加，很巧就得：

$$u_{n+2} = u_{n+1} + \Delta u_{n+1}$$

$$= u_1 + (n+1)\Delta u_1 + \left[\frac{n(n-1)}{1\times 2} + n\right]\Delta_2 u_1 + \cdots$$

$$+ \left[\frac{n(n-1)\cdots(n-r+1)}{1\times 2\times 3\times\cdots\times r} + \frac{n(n-1)\cdots(n-r+2)}{1\times 2\times 3\times\cdots\times(r-1)}\right]\Delta_r u_1 + \cdots + \Delta_{n+1} u_1$$

但 $\dfrac{n(n-1)}{1\times 2} + n = \dfrac{n(n-1)+2n}{1\times 2} = \dfrac{n^2+n}{1\times 2} = \dfrac{(n+1)n}{1\times 2} = \dfrac{(n+1)\overline{(n+1-1)}}{1\times 2}$

···

$$\frac{n(n-1)\cdots(n-r+1)}{1\times 2\times 3\times\cdots\times r} + \frac{n(n-1)\cdots(n-r+2)}{1\times 2\times 3\times\cdots\times(r-1)}$$

$$= \frac{n(n-1)\cdots(n-r+2)(n-r+1+r)}{1\times 2\times 3\times\cdots\times r}$$

$$= \frac{(n+1)n(n-1)\cdots(n-r+2)}{1\times 2\times 3\times\cdots\times r}$$

$$= \frac{(n+1)\overline{(n+1-1)}\,\overline{(n+1-2)}\cdots\overline{(n+1+r+1)}}{1\times 2\times 3\times\cdots\times r}$$

$$\therefore u_{n+2} = u_1 + (n+1)\Delta u_1 + \frac{(n+1)\overline{(n+1-1)}}{1\times 2}\Delta_2 u_1 + \cdots$$

$$+ \frac{(n+1)\overline{(n+1-1)}\,\overline{(n+1-2)}\cdots\overline{(n+1-r+1)}}{1\times 2\times 3\times\cdots\times r}\Delta_r u_1 + \cdots + \Delta_{n+1} u_1$$

这不是已将数学的归纳法的三步走完了吗？可见我们假定对于 n 的

公式若是对的，那么，它对于 $n+1$ 也是对的。而事实上它对于 1，2，

3，4 等都是对的，可见得它对于 6，7，8……也是对的，所以推到一般都是对的。倘若你还记得我们讲组合——见橄榄谜——时所用的符号，那么就可将这公式写得更简明一点：

$$u_n = u_1 + C_1^n \Delta u_2 + C_2^n \Delta_2 u_1 + C_3^n \Delta_3 u_1 + \cdots + \Delta_{n+1} u_1$$

你知道这个式子所表示的是什么吗？它就是用差级数的第一项，和各次差的第一项，表出这差级数的一般项。假如王老头子的那一盘汤圆总共堆了十层，因为，这差级数的第一项 u_1 是 1，第一次差的第一项 Δu_1 是 3，第二次差的第一项 $\Delta_2 u_1$ 是 2，第三次以后的 $\Delta_3 u_1$，$\Delta_4 u_1$ 都是 0，所以第十层汤圆的个数便是：

$$u_{10} = 1 + (10-1) \times 3 + \frac{(10-1)(10-2)}{1 \times 2} \times 2 = 1 + 27 + 72 = 100$$

谁也用不着怀疑这个得数，王老头子的那盘汤圆的第十层，正是每边十个的正方形，总共恰好一百个。

我们要求的原是计算差级数和的公式，现在跑这野马干什么？

别着急！朋友！就来了！再弄一个小小的戏法，保管你心满意足。

我们在前面差级数三角形的顶上加一串数 v_1，v_2，v_3，……，v_n，v_{n+1} 不过就是胡乱写些数，它们每两项的差，就是 u_1，u_2，u_3，……，u_n。这样一来，它们便是 $n+1$ 次差级数，而第一次的差为，

$$v_2 - v_1 = u_1，\quad v_3 - v_2 = u_2，\quad v_4 - v_3 = u_3，\quad \cdots\cdots，\quad v_n - v_{n-1} = u_{n-1}，$$
$$v_{n+1} - v_n = u_n$$

若是我们惠而不费地将 v_{n+1} 点缀得富丽堂皇些，无妨将它写成下面的样子，

$$v_{n+1} = v_{n+1} - v_n + v_n - v_{n-1} + \cdots + v_2 - v_1 + v_1$$

$$= (\upsilon_{n+1} - \upsilon_n) + (\upsilon_n - \upsilon_{n-1}) + \cdots + (\upsilon_2 - \upsilon_1) + \upsilon_1$$

假使造这串数的时候，取巧一点，υ_1 就用 0，那么，便得：

$$\upsilon_{n+1} = (\upsilon_{n+1} - \upsilon_n) + (\upsilon_n - \upsilon_{n-1}) + \cdots + (\upsilon_2 - \upsilon_1)$$

$$= u_n + u_{n-1} + \cdots + u_1$$

所以若用求一般项的公式来求   得出来的便是 $u_1 + u_2 + u_3$ $+ \cdots + u_n$ 的和。但就公式说，这个差级数中，$u_1 = 0$，$\Delta u_1 = u_1$，$\Delta_2 u_1 = \Delta u_1$，$\cdots\cdots \Delta_{n+1} u = \Delta_n u_1$，

$$\therefore \upsilon_{n+1} = 0 + C_1^{n+1} u_1 + C_2^{n+1} \Delta u_1 + \cdots + \Delta_n u_1$$

这个戏法总算没有变差，由此我们就知道：

$$S_n = u_1 + u_2 + \cdots + u_n = C_1^{n+1} u_1 + C_2^{n+1} \Delta u_1 + \cdots + \Delta_n u_1$$

假如照用惯了的算术级数的样儿将 a 代第一项，d 代差，并且不用组合所用的符号 C_r^n，那么 n 次差级数 n 项的和便是：

$$S_n = na + \frac{n(n-1)}{1 \times 2} d_1 + \frac{n(n-1)(n-2)}{1 \times 2 \times 3} d_2 + \frac{n(n-1)(n-2)(n-3)}{1 \times 2 \times 3 \times 4} d_3 + \cdots$$

有了这公式，我们就回头去解答王老头子的那一盘汤圆，它是一个二次差级数，对于这公式说：$a=1$，$d_1=3$，$d_2=2$，$d_3=d_4=\cdots=0$

$$\therefore S_n = n \times 1 + \frac{n(n-1)}{1 \times 2} \times 3 + \frac{n(n-1)(n-2)}{1 \times 2 \times 3} \times 2$$

$$= n + \frac{3n(n-1)}{1 \times 2} + \frac{2n(n-1)(n-2)}{1 \times 2 \times 3}$$

$$= n \times \left[1 + \frac{3(n-1)}{1 \times 2} + \frac{2(n-1)(n-2)}{1 \times 2 \times 3} \right]$$

$$= n \times \frac{6 + 9(n-1) + 2(n-1)(n-2)}{1 \times 2 \times 3}$$

$$= n \times \frac{2n^2 + 3n + 1}{1 \times 2 \times 3} = \frac{n(n+1)(2n+1)}{1 \times 2 \times 3}$$

第二种三角锥的堆法，前面也已说过，仍是一个二次差级数，对于

这公式，$a=1$，$d_1=2$，$d_2=1$，$d_3=d_4=\cdots=0$。

$$\therefore S_n = n\times1+\frac{n(n-1)}{1\times2}\times2+\frac{n(n-1)(n-2)}{1\times2\times3}\times1$$

$$=n+\frac{2n(n-1)}{1\times2}+\frac{n(n-1)(n-2)}{1\times2\times3}$$

$$=n\times\left[1+\frac{2(n-1)}{1\times2}+\frac{(n-1)(n-2)}{1\times2\times3}\right]$$

$$=n\times\frac{6+6(n-1)+(n-1)(n-2)}{1\times2\times3}$$

$$=n\times\frac{n^2+3n+2}{1\times2\times3}=\frac{n(n+1)(n+2)}{1\times2\times3}$$

至于第三种堆法，它各层的个数及各次的差是，

$$p,2(p+1),3(p+2),4(p+3),\cdots\cdots$$

$$p+2,\ p+4,\ p+6,\ \cdots\cdots$$

$$2,\ 2,\ \cdots\cdots\cdots$$

也是一个二次差级数，$u_1=p$，$d_1=p+2$，$d_2=2$，$d_3=d_4=\cdots=0$。

$$\therefore S_n = np+\frac{n(n-1)}{1\times2}\times(p+2)+\frac{n(n-1)(n-2)}{1\times2\times3}\times2$$

$$=n\times\left[p+\frac{(n-1)(p+2)}{1\times2}+\frac{2(n-1)(n-2)}{1\times2\times3}\right]$$

$$=n\times\frac{6p+3(n-1)(p+2)+2(n-1)(n-2)}{1\times2\times3}$$

$$=n\times\frac{2n^2-2+3np+3p}{1\times2\times3}=n\times\frac{(n+1)(2n-2)+(n+1)3p}{1\times2\times3}$$

$$=\frac{n(n+1)(3p+2n-2)}{1\times2\times3}$$

最后，再把这个公式运用到第四种堆法，它的每层的个数以及各次

的差是这样的：

ab，$(a+1)(b+1)$，$(a+2)(b+2)$，$(a+3)(b+3)$……

$(a+b)+1$，$(a+b)+3$，$(a+b)+5$……

2　　　2　　……

所以也是一个二次差级数，就公式说，$u_1 = ab$，$\Delta u_1 = (a+b)+1$，

$\Delta u_2 = 2$，$\Delta u_3 = \Delta u_4 = \cdots = 0$

$$\therefore S_n = nab + \frac{n(n-1)}{1 \times 2}\big[(a+b)+1\big] + \frac{n(n-1)(n-2)}{1 \times 2 \times 3} \times 2$$

$$= n \times \left\{ ab + \frac{(n-1)\big[(a+b)+1\big]}{1 \times 2} + \frac{2(n-1)(n-2)}{1 \times 2 \times 3} \right\}$$

$$= n \times \frac{6ab + 3(n-1)(a+b) + 3(n-1) + 2(n-1)(n-2)}{1 \times 2 \times 3}$$

$$= \frac{n}{1 \times 2 \times 3} \times \big[6ab + 3(a+b)(n-1) + 2n^2 - 3n + 1 \big]$$

$$= \frac{n}{1 \times 2 \times 3} \times \big[6ab + 3(a+b)(n-1) + (n-1)(2n-1) \big]$$

用差级数的一般求和的公式，将我们开头提出的四个公式都证明了。这种证明真可以算是无疵可指，就连分母中那无关痛痒的 $1 \times 2 \times 3$ 中的 1 也给了它一个详细说明。这种证法，不但有这一点点的好处，由上面的经过来看，我们所提出的四个公式，全都是这差级数求和的公式的运用。因此只要我们已彻底地了解了它，这四个公式就不值一顾了，数学的理论的发展，永远是霸道横行，后来居上的。

六

一开头曾经提到我们的老前辈朱世杰先生，这里就以他老人家的功绩来作结束。上面我们只提到四种堆法，已闹得满城风雨，借用了许

多法宝，才达到心安理得的地步。然而在朱老先生的大著《四元玉鉴》中，"茭草形段"只有七题，"如像招数"只有五题，"果垛叠藏"虽然多一些，也只有二十题，总共不过三十二题。他所提出的堆垛法有些名词却很别致，现在列举如下，至于各种求和的公式，那不用说，当然可依样画葫芦地证明了。

（1）落一形——就是三角锥形。

（2）刍甍垛——就是前面第三种堆法。

（3）刍童垛——就是矩形截锥台。

（4）撒星形——三角落一形——就是 1，（1+3），（1+3+6）……

$$\left[1+3+6+\cdots+\frac{n(n+1)}{2}\right]$$

$$S_n=\frac{1}{24}n(n+1)(n+2)(n+3)$$

（5）四角落一形——就是 1^2，（1^2+2^2），（$1^2+2^2+3^2$），……（$1^2+2^2+\cdots+n^2$）

$$S_n=\frac{1}{12}n(n+1)^2(n+2)$$

（6）岚峰形——就是 1，（1+5），（1+5+12）…$\left[1+5+12+\cdots+\frac{n(3n-1)}{2}\right]$

$$S_n=\frac{1}{24}n(n+1)(n+2)(3n+1)$$

（7）三角岚峰形——岚峰更落一形——就是 $1\cdot1$，$2(1+3)$，$3(1+3+6)\cdots n\left[1+3+6+\cdots+\frac{n(n+1)}{2}\right]$

$$S_n=\frac{1}{120}n(n+1)(n+2)(n+3)(4n+1)$$

（8）四角岚峰形——就是 $1\cdot1^2$，$2(1^2+2^2)$，$3(1^2+2^2+3^2)$，……

$$n\left(1^2+2^2+3^2+\cdots+n^2\right)$$

$$S_n=\frac{1}{120}n(n+1)(n+2)\left(8n^2+11n+1\right)$$

（9）撒星更落一形——就是 1，（1+4），（1+4+10）……

$$\left[1+4+10+\cdots+\frac{n(n+1)(n+2)}{6}\right]$$

$$S_n=\frac{1}{120}n(n+1)(n+2)(n+3)(n+4)$$

（10）三角撒星更落一形——就是 1，（1+5），（1+5+15），……

$$\left[1+5+15+\cdots+\frac{n(n+1)(n+2)(n+4)}{24}\right]$$

$$S_n=\frac{1}{720}n(n+1)(n+2)(n+3)(n+4)(n+5)$$

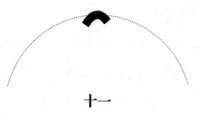

十一
假如我们有十二根手指

一

　　记得大约十年前，上海盛行过一种画报，它每期刊载一页马浪荡改行。马浪荡是一个浪荡子，他在上海滩什么行道都做过，一种行道失败了，混不下去，就换一种。有一次他去当拍卖行的伙计，高高地坐在台上，一个每只手有六根指头的买客，伸出两手，表示他出十块钱买某件东西。马浪荡见到十二根指头，便以为是十二块，高高兴兴地卖了，记下账来。到收钱的时候，那人只出十块，马浪荡的老板照账硬要十二块，争得不可开交，叫马浪荡赔两块了事，马浪荡又是一次失败。

　　我常想起这个故事，因为我常常见到大家伸起手指头表示他们所说的数，一根指头表示一，两根指头表示二，三根指头表示三……这非常自然。两只手跟人形影不离，而且手指头伸屈极灵便自如，若不利用它们表数，岂不辜负了它们！

　　但有时我又想，我们有这十个小把戏，固然得了不少的便宜，可是我们未尝不吃亏。人的文明大半是靠这十个小把戏产生出来的。我们假如不满意现代文明，仔细一思量，就不免要归罪于它们了。别的不必说，假如这小把戏和小把戏中间，也和鸭儿的脚板一样，生得有些薄皮，游起来就便利得多。不但如此，有酒没有酒杯时，窝着手心当酒杯，也可以滴酒不漏。话虽如此，这只是空想，在我们的生活中，有些地方便受它们的拘束。最明白而简单的例子，就是我们的记数法。买客伸出手来，既然有十二根指头，马浪荡认为他所表示的是十二，这是极合理的。伸出两只手表示一十，本来是因为只有十根指头。假如我们每个人都有十二根手指头，当然不肯特别优待两个，伸出两只手还只表示到一十就心满意足。

　　两只手有十根指头，便用它们来表示十，原来不过因为取携便当，岂料这一来，我们的记数法就受到了限制。我们都只知道"一而十，十而百，百而千，千而万……"满了十就进一位，我们还觉得只有这"十进法"最便利。其实这全是喜欢利用十根手指头反而受了它们束缚的缘故。假如你看着你的弟弟妹妹们用手指算二加二得四，觉得他们太愚笨、太可笑，那么，你觉得十进记数法最便利同样是愚笨、可笑的。

　　假如我们有十二根手指来表示数，我们不是可以用十二进位记数法吗？

　　假如你觉得十进法比五进法便当，你能不承认十二进法比十进法便当吗？——自然要请你不可记着你只有十根手指头。

且先来探索一下记数法的情形，然后再看假如我们有十二根手指头，用了十二进位法，我们的数的世界和数学的世界将有怎样的不同。我一再说假如我们有十二根手指头，用十二进位法，之所以要如此，是因为没有十二根手指头，就不会使用十二进位法。人只是客观世界的反射镜，不能离开客观世界产生什么文明。

混沌未开，黑漆一团的时代，无所谓数，因为"一"虽是数的老祖宗，但倘若它无嗣而终，数的世界是无法成立的。数的世界的展开至少要有"二"。假如我们的手是和马蹄一样的，伸出来只能表示"二"，我们当然只能利用二进法记数。但二进法记数，实在有点儿滑稽。第一，我们既只能知道二，记起数来就不能有三位；第二，在个位满二就得记成上一位的一。这么一来，我们除了写一个"1"来记一，一个"1"后面跟上一个零来记"二"，并排写个"1"来记"三"，再没有什么能力了。数的世界不是仍然很简单吗？

若是我们还知道"三"，自然可以用三进法而且用三位记数，那我们可记的数便有二十六个：

1…一

2…二

10…三

11…四

12…五

20…六

21…七

22…八

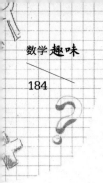

100…九

101…十

102…十一

110…十二

111…十三

112…十四

120…十五

121…十六

122…十七

200…十八

201…十九

202…二十

210…二十一

211…二十二

212…二十三

220…二十四

221…二十五

222…二十六

由三而四，用四进法，四位数，我们可记的数，便有二百五十五个，数的世界便比较繁荣了。但事实上，我们未曾找到过用二进法、三进法或四进法记数的事例。这个理由自然容易说明，数是抽象的，实际运用的时候，需要具体的东西来表示出，然而无论"近取诸身，远取诸物"，不多不少恰好可以表示，而且易于取用的东西实在没有。我们对于数的辨认从附属在自身的东西开始，当然更是轻而易举。于是，我们首先就会注意到手。一只手有五根指头，五进法便应运而生了。就是在所谓二十世纪的现在，我们从"野蛮人"中——其实世上本无所谓野蛮，只是他们的生活不需要如我们所有的文化罢了——还可以见到五进记数法的事实。本来五进记数法，用到五位，已可记出三千一百二十四个数，不用说生活简单的"野蛮人"也已够用，就是在我们日常生活中，三千以上的数也不大能用到，不是吗？一块洋钱兑三百一十二个铜元，也不过是三千一百二十个小钱，而用大单位将数记小，这点聪明，我们还是有的。你闭着眼睛想一想，你在日常生活中所用得到的数，有多少是千以上的？

既然知道用一只手的五根指头表数，因而产生五进记数法，进一步产生十进记数法，这对于我们的老祖宗们来说，大概不会碰到什么艰难困苦的。两只手是上帝造人的时候就安排好的呀！

既然可以用十根手指头表示数，因而产生十进法，两只脚也有十根指头，一股脑儿用进去按理可以产生二十进法呢？

二十进法是有的，现在生活在热带的人们，就有这种办法，这种办法只存在于热带，很显然是因为那里的人赤着脚。像我们终年穿着袜子的人，使用脚指头自然不便当了。这就是十进记数法能够征服我们的缘故。倘若我们能够像近年来暑天中的"摩登狗儿"一样赤着脚走，我敢预言若干年后一定会来一次记数革命。

二十进法，不但在现在热带地区可以找到，从各国的数字中也可以得到很好的证明。如法国人，二十叫 vingt；八十叫 quatre.vingts，便是四个二十；而九十叫 quatae-vingt-dix，便是四个二十加十，这都是现在通用的。至于古代，还有 six-vingts，六个二十叫一百二十；quinze-vingts，十五个二十叫三百。这些都是二十进法的遗迹。又如意大利的数字，二十叫 venti，这和三十 trenta、四十 qnaranta、五十 cinquanta 也有着明显区别：第一，三十、四十、五十等都是从三 tre、四 quattre、五 cinque 等来的，而二十却与二 due 无关系；第二，三十、四十、五十等的收声都是 ta，而二十的收声却是 ti。由这些比较也可以看出在意大利也有二十进法的痕迹。

五进法、十进法、二十进法都可用指头来说明它们的起源，但我们现在还使用的数中，却有一种十二进法，不能同等看待。铅笔一打是十二支，肥皂一打是十二块，一尺有十二寸，重量的一磅有十二两，货币的一先令有十二便士，乃至于一年有十二个月，一日是十二时，——西洋各国虽用二十四小时，但钟表上还只用十二——这些都是实际上用到的。再将各国的数字构造比较一下，更可以明显地看出有十二进法的痕迹，且先将英、法、德、意四国从一到十九，十九个数抄在下面：

英 one two three four five six seven eight nine ten eleven twelve thirteen fourteen fifteen sixteen seventeen eighteen nineteen.

法 un deux trios guatre cinqne six sept huit neuf dix onze douze treize quatorze quinze seize dix-sept dix-huit dix-neuf.

德 eins zwei drei vier fünf sechs sieben acht neun zehn elf zwölf dreizehn vierzehn fünfzehn sechzehn siebzehn achtzehn neunzehn

意 uno due tre quattro cinque sei sette otto nove dieci imdici dodici tredici guattordici quindici sedici diciassette diciotto diciannove

将这四种数字比较一下，可以看出几个事实：

（1）在英文中，一到十二，这十二个数字是独立的，十三以后才有一个划一的构成法，但这构成法和二十以后的数不同。

（2）在法文中，从一到十，这十个数字是独立的。十一到十六是一种构成法，十七以后又是一种构成法，这构成法却和二十以后的数相同。

（3）德文和英文一样。

（4）意文和法文一样。

原来就语言的系统说，法、意同属于意大利系，英、德同属于日耳曼系，渊源本不相同。语言原可说是生活的产物，由此可看出欧洲人古代所用的记数法有很大的差别。十进法、十二进法、二十进法，也许还有十六进法——中国不是也有十六两为一斤吗？倘使再将其他国家的数字来比较一下，我想一定还可以发现这几种进位法的痕迹。

所以，倘若我们有十二根手指头的话，采用十二进法一定是必然的。就已成的习惯看来，十进法已统一了"文明人"的世界，而十二进法还可以立足，那么十二进法一定有它非存在不可的原因。这原因是什么？依我的假想是从天文上来的，而和圆周的分割有关系。法国大革命后改用米制，所有度量衡，乃至于圆弧都改用十进法。但度量衡法，虽经各国采用，认为极符合胃口，而圆弧法是敌不过含有十二进位的六十分法。这就可以看出十二进法有存在的必要。——详细的解说，这里不讲，我还想写一篇关于各种单位的起源的话，在那里再说。——天文在人类文化中是出现很早的，这是因为在自然界中昼夜、寒暑的变化，最使人类惊异，又和人类的生活关系最密切。所以倘使我们有十二根手指头，采用十二进法记数，那一定没有十进法记数立足的余地，我们对数的世界才能真正地有一个完整的认识。

二

倘若我们用了十二进法记数，数的世界将变成什么样呢？

先来考察一下我们已用惯了的十进记数法是怎样一回事，为了便当，我们分成整数和小数两项来说。

例如：三千五百六十四，它的构成是这样的：

$$3564=3000+500+60+4$$
$$=3 \times 1000+5 \times 100+6 \times 10+4$$
$$=3 \times 10^3+5 \times 10^2+6 \times 10+4$$

用 a_1，a_2，a_3，a_4……来表示基本数字，进位的标准数（这里就是十），我们叫它是底数，用 r 表示。由这个例子来看，一般的数的记法便是：

一位：a_1，a_2，a_3……

二位：a_1r+a_1，a_1r+a_2……a_2r+a_1，a_3r+a_2……

三位：$a_1r^2+a_1r^2+a_1$，$a_2r^2+a_2r+a_1$；$a_3r^2+a_2r+a_3$……

四位：$a_1r^3+a_1r^2+a_1r+a_1$　　$a_2r^3+a_1r^2+a_1r+a_2$……

　　　　$a_1r^3+a_2r^2+a_3r+a_4$　　$a_1r^3+a_2r^2+a_3r+a_2$……

在这里有一点虽是容易明白，但却需注意，这就是数字 a_1，a_2，a_3……的个数，连 0 算进去应当和 r 相等，所以有效数字的个数比 r 少一。在十进法中便只有 0，1，2，3，4，5，6，7，8，9 十个；在十二进法中便有 1，2，3，4，5，6，7，8，9，t（10），e（11）十一个。

为了区别于十进法的十、百、千，即用什、佰、仟来表示十二进法的位次，那么，在十二进法：

$7e8t = 7 \times 12^3 + e \times 12^2 + 8 \times 12 + t$

我们读起便是七仟"依"（e）佰八什"梯"（t）。

再来看小数，在十进法中，如千分之二百五十四，便是：

$0.254 = 0.2 + 0.05 + 0.004$

$$= \frac{2}{10} + \frac{5}{100} + \frac{4}{1000}$$

$$= 2 \times \frac{1}{10} + 5 \times \frac{1}{10^2} + 4 \times \frac{1}{10^3}$$

同样的道理，在十二进法中，那就是：

$0.5te = 0.5 \times 0.0t + 0.00e$

$$= 5 \times \frac{1}{12} + t \times \frac{1}{12^2} + e \times \frac{1}{12^3}$$

我们读起来便是仟分之五佰"梯"什"依"。

总而言之，在十进法中，上位是下位的十倍。在十二进法中，上位就是下位的十二倍。推到一般去，在 r 进法中，上位便是下位的 r 倍。

假如我们用十二进法来代十进法，数上有什么不同呢？其实相差很小：第一，不过多两个数字 e 和 t；第二，有些数记起来简单一些。

有没有什么方法将十进法的数改成十二进法呢？不用说，自然是有的。不但有，而且很简便。

例如：十进法的一万四千五百二十九要改成十二进法，只需这样做就成了。

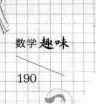

$$\therefore 14529 = 1210 \times 12 + 9$$

$\begin{array}{r} 12 \underline{|14529} \\ 12 \underline{|1210} \cdots\cdots 9 \\ 12 \underline{|100} \cdots\cdots 10 \\ 8 \cdots\cdots 4 \end{array}$

$= (100 \times 12 + 10) \times 12 + 9$

$= 100 \times 12^2 + 10 \times 12 + 9$

$= (8 \times 12 + 4) \times 12^2 + 10 \times 12 + 9$

$= 8 \times 12^3 + 4 \times 12^2 + 10 \times 12 + 9$

照前面说过的用 t 表示 10，那么便得：

十进法的 14529 = 十二进法的 84t9

读起来是八仟四佰梯什九，原来是五位，这里却只有四位，所以说有些数用十二进法记数比用十进法简单。

反过来要将十二进法的数改成十进法的怎么办呢？这却有两种办法：一是照上面一样用 t 去连除；二是用十二去连乘。不过对于那些用惯了十进数除法的人来说，第一种方法与老脾气有些不合，比较不便当。例如要改七仟二佰一什五成十进法，那就是这样：

$7215 = 7 \times 12^3 + 2 \times 12^2 + 1 \times 12 + 5$

$= (7 \times 12^2 + 2 \times 12 + 1) \times 12 + 5$

$= [(7 \times 12 + 2) \times 12 + 1] \times 12 + 5$

$= [(84 + 2) \times 12 + 1] \times 12 + 5$

$= [86 \times 12 + 1] \times 12 + 5$

$= 1033 \times 12 + 5 = 12041$

$$\begin{array}{r} 7215 \\ \times \quad 12 \\ \hline 84 \\ + \quad 2 \\ \hline 86 \end{array}$$

$$
\begin{array}{r}
\times\quad 12 \\
\hline
1032 \\
+\quad 1 \\
\hline
1033 \\
\times\quad 12 \\
\hline
12396 \\
+\quad 5 \\
\hline
12401
\end{array}
$$

上面的方法，虽只是一个例子，但计算的原理已经很明白了，若要给它一个一般的证明，这也很容易。

设在 r_1 进位法中有一个数是 N，要将它改成 r_2 进位法，又设用 r_2 进位法记出来，各位的数字是 a_0，a_1，a_2，……a_{n-1}，a_n，则

$$N = a_n r_2^n + a_{n-1} r_2^{n-1} + \cdots + a_2 r_2^2 + a_1 r_2 + a_0$$

这个式子的两边都用 r_2 去除，所剩的数当然是相等的。但在右边除了最后一项，各项都有 r_2 这个因数，所以用 r_2 去除所得的剩余便是 a_0，而商是 $a_n r_2^{n-1} + a_{n-1} r_2^{n-2} + \cdots + a_2 r_2 + a_1$。再用 r_2 去除这个商，所剩的便是 a_1，而商是 $a_n r_2^{n-2} + a_{n-1} r_2^{n-3} + \cdots + a_2$。又用 r_2 去除这个商，所剩的便是 a_2，而商是 $a_n r_2^{n-3} + a_{n-1} r_2^{n-3} + \cdots + a_3$。照样做下去到剩 a_n 为止，于是就得：

r_1 进位法的 $N=r_2$ 进位法的 $a_n a_{n-1} \cdots \cdots a_3 a_2 a_1 a_0$

三

倘若我们一直是用十二进位法记数的，在数学的世界里将有什么变

化呢？

　　不客气地说，毫无两样，因为数学虽是从数出发，但和记数的方法却很少有关联。若客气点儿说，那么这样便很公平合理了。算理是没有区别的，只是在数的实际计算上有点儿不同。最显而易见的就是加法和乘法的进位以及减法和除法的退位。自然像加法和乘法的九九表便应当叫"依依"表，也就有点儿不同了。例如：（24e2 - t78）×143

$$
\begin{array}{c}
1636 \\
\times \quad 143 \\
\hline
46t6 \\
6120 \\
+ \quad 1636 \\
\hline
2092t6
\end{array}
$$

（1）　$\begin{array}{r} 24e2 \\ -\quad t78 \\ \hline 1636 \end{array}$　　（2）

　　（1）是减，个位 2 减 8，不够，从什位退 1 下来，因为上位的 1 是等于下位的 12，所以总共是 14，减去 8，就剩 6。什位的 e（11）退去 1 剩 t（10），减去 7 剩 3。佰位的 4 减去 t，不够，从仟位退 1 成 16，减去 t（10）便剩 6。

　　（2）先是分位乘，3 乘 6 得 18，等于 12 加 6，所以进 1 剩 6。其次 3 乘 3 得 9，加上进位的 1 得 t……再用 4 乘 6 得 24，恰是 2 个 12，所以进 2 剩 0。其次 4 乘 3 得 12，恰好进 1，而本位只剩下进来的 2……三位都乘了以后再来加。末两位和平常的加法完全一样，第三位 6 加 2 加 6 得 14，等于 12 加 2，所以进 1 剩 2。

　　再来看除法，就用前面将十二进法改成十进法的例子。

```
      874
   t )7215
     68
     ──
     61
      5t
     ──
     35
     34
     ──
      1
```

```
       t4
    t )874
      84
      ──
      34
      34
      ──
       0
```

```
      10
    t )t4
      t
      ─
      4
```

```
       1
    t )10
       t
       ─
       2
```

　　这计算的结果和上面一样，也是12401。至于计算的方法：在第一式 t（10）除72商8，8乘 t 得80，等于6个12加8，所以从72中减去68而剩6。其次 t 除61商7，7乘 t 得70，等于5个12加10，所以从61减去 $5t$ 剩3。再次 t 除35商4，4乘 t 得40，等于3个12加4，所以从35中减去34剩1。第二、第三、第四式和第一式的算法完全相同，不过第四式的被除数10是一什，在十进法中应当是12，这一点应当注意。

　　照这个除法的例子来看，十二进法好像比十进法麻烦得多。但是，朋友！倘若你只是觉得是这样，那还情有可原，倘若你认为根本就是如此，那你便是上了你的十个小宝贝的当的缘故。上面的说明是为了你弄惯了的十进法，对于十二进法，还是初次相逢，所以不得不兜圈子。其实你若从小就只懂得十二进法，你所记的自然是"依依"乘法表——见前——而不是九九乘法表。你算起来"梯"除七什二，自然会商八，八乘"梯"自然只得六什八，你不相信吗？就请你看十二进法的"依依"乘法表。

	1	2	3	4	5	6	7	8	9	t	e
1	1	2	3	4	5	6	7	8	9	t	e
2	2	4	6	8	t	10	12	14	16	18	1t
3	3	6	9	10	13	16	19	20	23	26	29
4	4	8	10	14	18	20	24	28	30	34	38
5	5	7	13	18	21	26	2e	34	39	42	47
6	6	10	16	20	26	30	36	40	46	50	56
7	7	12	19	24	2e	36	41	48	53	5t	65
8	8	14	20	28	34	40	48	54	60	68	74
9	9	16	23	30	39	46	53	60	69	76	83
t	t	18	26	34	42	50	5t	68	76	84	92
e	e	1t	29	38	47	56	65	74	83	92	t1

看这个表的时候，应当注意 1，2，3……9 和九九乘法表是一样的，10，20，30……却是一什（12），二什（24），三什（36）。

倘若和九九乘法表对照着看，你可以发现表中的许多关系全是一样的。举两个例说：第一，从左上到右下这条对角线上的数是平方数；第二，最后一排第一位次第少 1。在九九乘法表中 9，8，7，6，5，4，3，2，1 第二位次第多 1。在九九乘法表是 0，1，2，3，4，5，6，7，8，还有每个数两位的和全是比进位的底数少 1，在"依依"表是"依"，在九九表是"九"。

在数学的世界中除了这些不同，还有什么差异没有？

要搜寻起来自然是有的。

第一，四则问题中的数字计算问题。

第二，整数的性质中的倍数的性质。

这两种的基础原是建立在记数的进位法上面，当然有些面目不同，但也仅仅是面目不同而已。且举几个例子在下面，来结束这一篇。

（1）四则中数字计算问题：例如"有二位数，个位数字同十位数字的和是六，若从这数中减十八，所得的数恰是把原数的个位数字同十位数字对调成的，求原数"。

解这一种题目的基本原理有两个：

（a）两位数和它的两数字对调后所成的数的和，等于它的两数字和的"11"倍。如 83 加 38 得 121，便是它的两数字 8 同 3 的和 11 的"11"倍。

（b）两位数和它的两数字对调后所成的数的差，等于它的两数字差的"9"倍。如 83 减去 38 得 45，便是它的两数字 8 同 3 的差 5 的"9"倍。

将第二个原理运用到上面所举的例题中，因为从原数中减十八所得的数恰是把原数的个位数字同十位数字对调成的，可知原数和两数字对调后所成的数的差为 18，而原数的两数字的差为 18÷9=2。题上又说原数的两数字的和为 6，应用和差算的法则便得：

（6+2）÷2=4——十位数字，（6-2）÷2=2——个位数字，而原数为 42。

解这类题目的两个基本原理，是怎样来的呢？现在我们来考察一下。

（a）$83 = 8 \times 10+3$，$38=3 \times 10+8$

$\therefore \quad 83+38 = （8 \times 10+3）+（3 \times 10+8）$

$\qquad =8 \times 10+8+3 \times 10+3$

$$=8 \times (10+1) +3 \times (10+1)$$

$$=8 \times 11+3 \times 11$$

$$= (8+3) \times 11$$

这式子最后的一段中，（8+3）正是 83 的两数字的和，用 11 去乘它，便得出"11"倍来，但这 11 是从 10 加 1 来的，10 是十进记数法的底数。

（b）$83-38 = (8 \times 10+3) - (3 \times 10+8)$

$$=8 \times 10-8-3 \times 10+3$$

$$=8 \times (10-1) -3 \times (10-1)$$

$$=8 \times 9-3 \times 9$$

$$= (8-3) \times 9$$

这式子最后的一段中，（8-3）正是 83 的两数字的差，用 9 去乘它，便得出"9"倍来。但这 9 是从 10 减去 1 来的，10 是十进记数法的底数。

将上面的证明法，推到一般去，设记数法的底数为 r，十位数字为 a_1，个位数字为 a_2，则这两位数为 $a_1 r +a_2$，而它的两位数字对调后所成的数为 $a_2 r+a_1$。所以

（a）$(a_1 r+a_2) + (a_2 r+a_1) =a_1 r+a_1+a_2 r+a_2$

$$=a_1 (r+1) +a_2 (r+1)$$

$$= (a_1+a_2) (r+1)$$

（b）$(a_1 r+a_2) - (a_2 r+a_1) =a_1 r+a_2-a_2 r-a_1$

$$=a_1 r-a_1-a_2 r+a_2$$

$$= a_1 (r-1) -a_2 (r-1)$$

$$= (a_1 - a_2)(r-1)$$

第一原理（a）应当这样说：

两位数和它的两数字对调后所成的数的和，等于它的两数字和的
（$r+1$）倍。r 是记数法的底数，在十进法为 10，故（$r+1$）为 "11"；
在十二进法为 12，故（$r+1$）为 13（照十进法说的），在十二进位法中
便也是 11（一什一）。

第二原理（b）应当这样说：

两位数和它的两数字对调后所成的数的差等于它的两数字差的
（$r-1$）倍，在十进法为 "9"，在十二进法为 "e"。

由此来看，前面所举的例题，在十二进法中是不能成立的，因为在
十二进法中，42 减去 24 所剩的是 $1t$，而不是 18，若照原题的形式改成
十二进法，那应当是：

"有二位数，……若从这数中减什梯（$1t$）……"

它的计算法就完全一样，不过得出来的 42 是十二进法的四什二，
而不是十进法的四十二。

（2）关于整数的倍数的性质，且就十进法和十二进法两种对照着
举几条，如下：

（a）十进法——5 的倍数末位是 5 或 0。

十二进法——6 的倍数末位是 6 或 0。

（b）十进法——9 的倍数各数字的和是 9 的倍数。

十二进法——e 的倍数各数字的和是 e 的倍数。

（c）十进法——11 的倍数，各奇数位数字的和，同着各偶数位数
字的和，这两者的差为 11 的倍数或零。

十二进法——形式和十进法的相同，只是就十二进法说的一什一，在十进法是一十三。

上面所举的三项中，（a）是看了九九表和"侬侬"表就可明白的。（b）（c）的证法在十进法和十二进法一样，我们还可以给它们一个一般的证法，试以（b）为例，（c）就可依样画葫芦了。

设记数法的底数为 r，各位数字为 a_0，a_1，a_2……a_{n-1}，a_n。各数字的和为 S，则：

$$N = a_0 + a_1 r + a_2 r^2 + \cdots + a_{n-1} r^{n-1} + a_n r^n$$

$$S = a_0 + a_1 + a_2 + \cdots + a_{n-1} + a_n$$

$$N - S = a_1(r-1) + a_2(r^2 - 1) + \cdots + a_{n-1}(r^{n-1} - 1) + a_n(r^n - 1)$$

因为 $(r^n - 1)$ 无论 n 是什么正整数都可以用 $(r-1)$ 除尽，所以若用 $(r-1)$ 除上式的两边，则右边所得的便是整数，设它是 I，因而得

$$\frac{N-S}{r-1} = I$$

$$\frac{N}{r-1} - \frac{S}{r-1} = I$$

$$\therefore \frac{N}{r-1} = I + \frac{S}{r-1}$$

所以若 N 是 $(r-1)$ 的倍数，S 也应当是 $(r-1)$ 的倍数，不然这个式子所表示的便成为一个整数，等于一个整数和一个分数的和了，这是不合理的。

这是一般的证明，若把它特殊化，在十进法中 $(r-1)$ 就是 9，在十二进法中 $(r-1)$ 便是 e，由此便得（b）。

由这个证明可知，在十进法中，3 的倍数各数字的和是 3 的倍数。而在十二进法中，这却不一定，因为在十进法中 9 是 3 的倍数，而在

十二进法中 e 却不是 3 的倍数。

从这些例子来看，假如我们有十二根手指，我们的记数法采用十二进法，与用十进法记数相比，无论在数的世界或在数学的世界所起的变化都是有限的，而且假如我们能不依赖手指表数的话，用十二进法记数还便利些。但是我们的文明，本是手的文明，又怎能跳出这十个小宝贝的支配呢？